space science
10월의 하늘

십 대를 위한
우주과학
콘서트

우주의 비밀을 찾아 떠나는
신나는 과학 이야기

십 대를 위한 우주과학 콘서트

권홍진
황지혜
전영범
이경훈
김기상
최준영
우성수

지음

청어람미디어

오늘과 내일의 과학자가 함께 펼치는 우주과학 콘서트에 초대합니다

'10월의 하늘'은 과학자를 직접 만날 기회가 많지 않은 작은 도시의 청소년을 대상으로 10월 마지막 주 토요일에 전국 각지의 도서관에서 펼쳐지는 과학 강연회입니다. '오늘의 과학자가 내일의 과학자를 만나다'라는 모토를 앞세워, 과학에 흥미 있는 청소년들을 과학자들이 직접 찾아가 그들과 과학의 즐거움을 함께 나누자는 취지 아래 2010년에 첫발을 내디딘 후, 벌써 열한 번째 강연회를 열었습니다. 매년 열띤 강연이 전국에서 펼쳐지고 그날의 감동은 책으로 묶여 오랫동안 사람들에게 기록되고, 기억되고, 공유되고 있지요.

특히 작년에는 코로나19로 인해 강연자와 학생들이 직접 만나지 못하고 온라인으로 강연이 진행되었습니다. 이러한 아쉬움을 달래고자 '10월의 하늘'에 직접 참여하지 못한 이들을 위해 그날의 강연을 누구나 쉽게 읽고 즐길 수 있도록 이렇게 책으로 엮었습니다.

이번 책은 '우주과학'이라는 주제를 중심으로 한데 묶었습니다. 얼마 전 미국의 화성 탐사 로버 '퍼서비어런스'가 무사히 화성에 착륙했다는 소식이 들려왔습니다. 화성에서 생명체의 흔적을 찾기 위해 시도된 이 여정은 장차 화성에 인간 거주의 길을 열고자 나아간 첫걸음이기도 합니다. 퍼서비어런스를 화성으로 안착시킨 나사(NASA)는 오는 2030년대에는 인간이 직접 화성에 발자취를 남기는 탐사를 계획하고 있습니다. 테슬라의 CEO 일론 머스크가 이끄는 우주 기업 스페이스X도 2026년에 인간을 화성에 착륙시킨 뒤, 2050년까지 100만 명을 화성에 이주시키겠다는 포부를 밝힌 바 있습니다. 과학소설이나 SF영화에서만 보았던 이런 상상들이 점점 구체적인 현실이 되어가고 있습니다.

이렇게 눈부신 발전을 이룬 최신 과학 기술만이 우주과학 분야의 전부는 아닙니다. 밤하늘을 수놓은 별들의 크기과 거리를 가늠해보는 과학 여행을 따라가다 보면, 이 가늠할 수 없이 드넓은 우주 속에서 지구가 얼마나 티끌만큼 작은 존재인지 다시금 깨닫게 됩니다.

이 책에는 바로 그 우주의 경이로움이 가득 차 있습니다. 우리가 궁금해했던 우주에 관한 질문들에 대해 과학자들이 얻은 최신 과학 지식으로 정성스레 답을 던져주고 있습니다. 우주의 수많은 별은 어디에서 어떻게 만들어지는지, 별이 탄생하는 영역은 어떻게 관측하는지, 별을 관찰하는 천문학자들이 부딪히고 있는 문제는 무엇인지, 더 먼 곳에 존재하는 천체를 찾아내기 위해 갈수록 더 정밀해지고 거대해지는 천체망원경과 우주망원경이 어느 정도 발전해왔는지, 과거 여름밤을 밝히던 우윳빛 은하수를 되찾을 방법으로는 어떤 것이 있는지 등, 놀라운 질문들과 해답을 이 책 안에서 살펴보세요.

이 밖에도 천문학자가 세계 유명 천문대에서 찍은 다채로운 밤하늘과 유성우의 장관을 담은 사진들과, '현재는 과거의 열쇠'라는 말을 주요 원칙으로 삼아 과거 지구에 어떤 일이 일어났는지를 추론하는 지질학자의 이야기는 우리에게 신비감을 넘어 경이로움을 선사합니다. 화성에 홀로 남게 된 인간의 탈출기를 그린 영화 〈마션〉으로 접근해본 창의적 문제해결법을 통해 우주과학 분야에 새로운 시선으로 접근한 강연에서는 과학자로서 감탄하게 되더라고요.

'10월의 하늘'은 기획에서 준비, 당일 강연 및 행사 진행에 이르는 전 과정이 오로지 기부자들의 재능 나눔으로 이루어집니다. 과학의 즐거움을 아이들과 함께 나누고자 한다면 누구나 강연자와 진행자로 참여할 수 있습니다. 청소년 시기에 우연히 듣게 된 과학자의 강연, 무심코 읽게 된 과학책 한 권이 그들에게 과학자의 꿈을 품게 만든다는 것을 잘 알기에 여러 강연자들이 선뜻 동참해주고 있습니다. '10월의 하늘'을 통해 강연자는 자신이 과학의 길에 들어서던 그날의 초심을 되돌아볼 수 있고, 기부자는 자신이 가진 재능을 타인과 나누는 기쁨을 맛볼 수 있으며, 아이들은 과학의 경이로움을 만끽하며 미래의 과학자로 성장하는 꿈을 키워나갈 수 있게 됩니다. '10월의 하늘'에서 강연을 들었던 청소년들 가운데 한 명이라도 과학자 혹은 공학자가 되어 세상을 좀 더 근사한 곳으로 만드는 데 기여해준다면, 우리는 언제나 내일의 '10월의 하늘'을 준비할 것입니다. '10월의 하늘'과 함께해준 모든 분들께 머리 숙여 감사드리며, 이 책을 통해 그날의 감동이 계속 이어지길 고대합니다.

10월의 하늘 준비위원회 대표
KAIST 바이오및뇌공학과 정재승

차례

01

달콤한
별빛에 반하다

여러분은 최근에 밤하늘에 떠 있는 달을 본 적 있나요? 어두운 밤하늘에 숨어 있는 별은요? 바쁜 일상에 지친 우리는 고개를 들어 잠시 하늘을 바라볼 시간도 없이, 대부분 스마트폰만 보면서 길을 걷고 있습니다. 저는 가끔 저녁 하늘에 떠 있는 초승달의 고즈넉한 풍경이 아름답다 느껴질 때면 스마트폰을 들어 사진을 찍습니다. 이제 여러분도 스마트폰에만 멈춰두었던 시선을 거두고선 저와 함께 밤하늘 여행을 떠나보는 건 어떨까요?

권홍진

🪐 지구에서 가장 가까운 별은?

아름다운 밤하늘을 수놓은 반짝이는 별들은 그 크기가 얼마나 될까요? 과연 우주는 얼마나 클까요? 여러분은 한 번쯤 상상해보신 적 있나요? 먼저 별의 크기와 우리와 별 사이의 거리가 어느 정도 머나먼지 함께 여행을 떠나봅시다.

이제 첫 번째 질문을 해보겠습니다. 지구에서 가장 가까운 별은 어떤 것일까요? 달? 금성? 화성? 그러나 이 가운데 정답은 없습니다. 밤하늘에 떠 있는 천체 모두가 별은 아니기 때문입니다. 물론 별도 있지만, 별이 아닌 천체도 있습니다.

태양계

별의 정의를 살펴보면 '스스로 빛을 내는 천체'를 별이라고 합니다. 예컨대 달은 스스로 빛을 낼까요? 사실 우리가 바라보는 환한 달의 모습은 태양 빛에 반사된 형태를 보는 것입니다. 달은 지구 주위를 도는 위성입니다. 금성과 화성 등의 행성들도 모두 태양 빛이 반사되어 우리가 볼 수 있는 것입니다. 마찬가지로 우리가 보는 모든 물체, 심지어 옆 친구의 얼굴도 반사된 빛을 통해 볼 수 있게 되는 것입니다.

아까 질문의 답을 말하자면, 지구에서 가장 가까운 별은 바로 태양입니다. 태양은 수소 핵융합을 하면서 스스로 빛을 방출하고 있습니다.

우주에 있는 원소 가운데 약 75%는 수소입니다. 수소가 뭉치면 성운이 되고, 성운의 온도가 1천만 도(K) 이상이 되면 수소 핵융합을 하여 헬륨을 만듭니다. 이때 약간의 질량이 남는데, 이것이 바로 아인슈타인의 질량-에너지 등가원리($E=mc^2$)에 따라 질량이 에너지로 변환되어 방출됩니다. 그리고 태양에서 방출되는 에너지의 아주 적은 양이 지구에

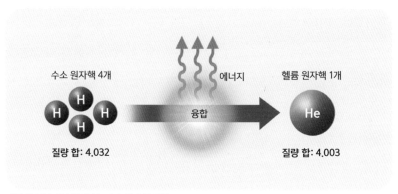

수소 원자핵 4개   에너지   헬륨 원자핵 1개

융합

질량 합: 4.032   질량 합: 4.003

태양 중심부에서 일어나는 수소 핵융합 반응

도달하게 됩니다.

우리는 태양을 낮에 보고 있지만, 그렇다 해도 태양은 별입니다. 태양 정도의 질량을 가진 별은 약 100억 년가량 핵융합을 할 수 있습니다. 지금 태양의 나이가 50억 년쯤 되었으니, 앞으로 50억 년 정도 더 빛을 내며 존재할 수 있습니다. 우리가 살아가는 동안 태양이 사라지는 일은 없겠죠?

🪐 태양의 크기는 얼마나 될까?

두 번째 질문을 던져보겠습니다. 태양이 클까요? 지구가 클까요?

태양이라고요? 낮에 보이는 태양은 손톱만 한데요? 우리나라에서 미국까지 가려면 열두 시간 이상 걸리는데, 그렇다면 지구가 태양보다 더 큰 것은 아닐까요? 그래도 태양이 더 크다고요? 그러면 왜 태양이 작게 보이나요? 다들 알고 있다시피 멀리 있어서 작게 보이는 것이지요.

지구부터 태양까지의 거리는 약 1억 5천만 km 떨어져 있습니다. 이러한 지구와 태양까지의 거리를 1AU(Astronomical Unit)라고 합니다.

1AU가 어느 정도인지 느낌이 오나요? 만약 우리가 걸어서 태양까지 가면 얼마나 걸릴까요? 100년? 1,000년? 우리가 지구에서 태양까지 걸어가려면 약 4,300년이 걸립니다. 4,300년이 어느 정도의 시간이냐면, 그 옛날 단군 할아버지가 태양을 향해 걸어갔다고 치면 지금쯤 태양에 도착했을 것입니다. 여러분이 집에 있는 차를 타고 시속 100km로 가면 약 170년 정도 걸립니다.

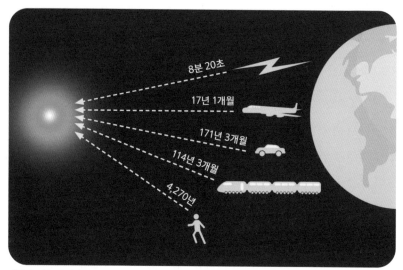

태양과 지구 사이의 거리

　그렇다면 우주에서 가장 빠른 것은 무엇일까요? 바로 빛입니다. 빛은
1초에 지구를 7바퀴 반을 돕니다. 지구의 둘레는 약 4만 km(2×3.14×
6,371km)입니다. 빛이 1초에 이동하는 거리 7.5바퀴×4만 km는 약 30만
km(299,792,498km/s)가 됩니다.

　그러면 빛으로 지구에서 태양까지 가는 데는 얼마나 걸릴까요? 여러분
들이 과학 시간에 배운 '시간=거리÷속력' 공식을 이용하면 되겠죠. 1억
5천만 km를 30만 km/s로 나눠주면 됩니다. 한번 계산해보세요.

$$시간 = \frac{거리}{속력} = \frac{150{,}000{,}000km}{300{,}000km/sec} = 500초$$

지구에서 태양까지 빛의 속도로 가면 약 500초가 걸립니다. 500초는 8분 20초입니다. 지구에서 빛의 속도로 8분 20초만 달려가면 태양까지 도달할 수 있습니다.

그러면 태양 빛이 지구까지 오는 데는 얼마나 걸릴까요? 네! 맞습니다. 똑같이 8분 20초 걸립니다. 우리가 보는 태양의 모습은 태양에서 지금 바로 나온 빛이 아니라, 8분 20초 전에 출발한 과거의 빛을 보게 되는 것입니다.

태양은 이렇게 멀리 떨어져 있기에 작게 보이는 것이지, 사실 다른 행성들보다 훨씬 큽니다. 태양 옆에 있는 지구의 모습이 얼마나 작은지 보이시나요? 태양 옆에 행성들을 모아놓으면 목성과 토성은 작은 구슬처럼 보이고, 지구는 티끌 같은 먼지처럼 아주 작게 보입니다.

태양과 행성의 크기 비교

태양의 지름에 지구를 일렬로 놓으면 109개가 들어갑니다. 다시 말해, 지름이 지구의 약 109배입니다. 그런데 태양은 동그란 원이 아니라 축구공처럼 구의 형태입니다. 태양 안에 지구를 넣으면 지구가 약 130만 개가 들어갑니다. 즉, 부피가 130만 배 더 큽니다.

130만 배가 어느 정도인지 감을 잡을 수 있나요? 예컨대 지구가 10원짜리 동전이라고 생각하면, 태양은 10원짜리 동전 130만 개를 모아놓으면 됩니다. 10원이 지구이면 태양은 10원짜리 동전으로 1,300만 원을 쌓으면 됩니다. 돈으로 비유를 하니 조금 느낌이 오나요? 우리 지구는 별인 태양에 비해서 무지하게 작지만, 우리 인간은 이 작은 지구도 엄청 크다고 생각하며 살고 있습니다.

지구의 에너지원은 태양 에너지가 대부분입니다. 그런데 태양에서 방출하는 에너지 중에서 지구에 도달하는 에너지는 극히 일부분입니다. 그 에너지로 지구의 식물은 광합성을 하고, 생물체가 살 수 있는 환경이 만들어집니다. 나아가 대기의 순환과 해류를 생성해 날씨와 기후를 만듭니다. 이렇듯 극히 일부의 태양 에너지만으로도 지구의 생명체가 삶을 꾸려가고 있다니, 낮에 떠 있는 별인 태양이 어느 정도 크기인지 실감이 날 것입니다.

☄ 태양보다 더 큰 별을 찾아라

그렇다면 태양이 우주에서 가장 큰 별일까요? 태양은 별 중에서 평균 정

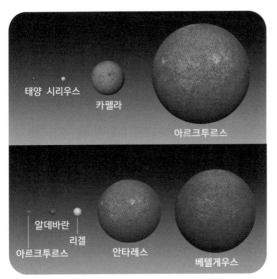

태양 시리우스

카펠라

아르크투르스

알데바란
리겔
아르크투르스 안타레스 베텔게우스

별들의 크기 비교

도 크기에 속해 있습니다. 밤하늘에 빛나는 별 가운데 태양보다 큰 별은 무수히 많습니다.

옆의 그림에서 보이는 것처럼 태양이 지구만 해지니까 큰개자리 시리우스, 마차부자리 카펠라, 그리고 목동자리 아르크투르스가 태양만 해졌습니다.

그리고 다시 아르크투르스가 작아지니까 황소자리 알데바란, 오리온자리 리겔, 전갈자리 안타레스, 그리고 오리온자리 베텔게우스가 지구 대비 태양만큼 커 보입니다.

베텔게우스는 우리가 맨눈으로 볼 수 있는 별 중에서 가장 큽니다. 베텔게우스의 지름에 태양을 일렬로 놓으면 태양이 약 900개가 들어갑니다. 태양과 지구와의 평균 거리 1AU로 비교하자면, 그 크기가 약 6.5AU에 달할 정도입니다. 이는 화성 궤도를 넘어 목성 궤도 근처까지 닿게 되는 크기입니다.

베텔게우스는 붉은색으로 빛나는 적색 초거성으로, 오리온자리에서 두 번째로 밝은 별입니다. 거리는 지구에서 약 650광년 떨어져 있습니다.

베텔게우스는 머지않아 초신성으로 폭발하고, 중심에는 중성자별이 남을 것입니다.

🪐 우주에서 가장 큰 별은?

그럼 우주에서 베텔게우스가 가장 큰 별일까요? 우리가 눈으로 볼 수 있는 별 중에서는 베텔게우스가 가장 크지만, 이보다 더 큰 별이 더 멀리 있다면 우리 눈으로는 보이지 않겠죠?

오랜 시간 천문학자들이 천체망원경으로 관측한 결과, 베텔게우스보다 더 큰 별도 많이 발견했습니다. 2012년, 칠레 아타카마 사막에 위치한 초거대망원경 VLT(Very Large Telescope)를 통해 가장 큰 별 방패자리 UY 스쿠티(UY Scuti)를 발견했습니다. 이 별은 지구에서 약 9,500광년 떨어져 있고, 태양 반지름의 약 1,700배에 달합니다. 지름이 무려 24억 km로, 이 별의 중심을 태양에 놓고 태양계와 비교하면 별 표면이 목성 궤도를 넘어 거의 토성 궤도까지 육박하는 크기

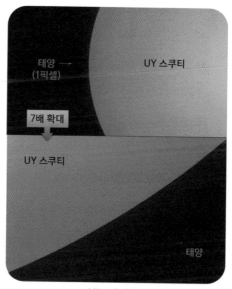

UY 스쿠티와 태양의 크기 비교

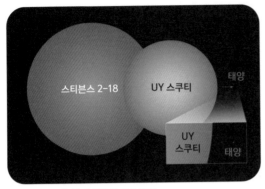
스티븐스 2-18과 태양의 크기 비교

입니다. 부피는 태양의 50억 배입니다.

그러나 계속해서 더 큰 별이 발견되고 있는데, 2020년 기준으로 '스티븐스(Stephenson) 2-18'이 가장 큰 별로 꼽히고 있습니다. 태양 반지름의 2,150배이며, 토성 궤도보다 큰 크기라고 합니다.

이렇게 큰 별을 보니, 지구가 얼마나 작은지 상상이 되나요? 그 속에 살고 있는 우리 인간은 티끌만큼이나 작은 존재일 뿐입니다.

🪐 별이 폭발한다면?

초거성 천체는 초신성 폭발을 일으킵니다. 베텔게우스도 마찬가지입니다. 베텔게우스가 만약 오늘 터진다면 지구에는 어떤 일이 일어날까요? 우리는 바로 알 수 없겠죠. 650년 후에나 그 빛이 우리에게 올 테니까요.

우리은하에서 폭발한 초신성 중에서 가장 유명한 것으로 1054년 7월 4일 황소자리에서 폭발한 것을 꼽을 수 있을 것입니다. 지금으로부터 약 1천 년 전에 관측되었는데, 중국 송나라의 기록에 따르면 "낮에 태양이 두 개가 떠 있다"라고 관찰될 정도였습니다. 당시 아랍 지역 기록에는 "23일간 낮에도 보일 정도로 밝았으며, 653일간 밤하늘에서 관측되었다"라고 적혀 있습니다.

초신성 폭발 후 남은 잔해인 게성운

이 초신성의 흔적이 바로 '게성운'입니다. 게성운은 1731년 영국의 의사이자 아마추어 천문학자인 존 베비스(John Bevis)가 처음으로 발견했습니다. 1758년, 혜성을 찾던 프랑스의 천문학자 샤를 메시에(Charles Messier)는 게성운을 혜성이라고 여겼지만, 움직이지 않는 천체라는 것을 확인하고선 혜성과 헷갈리지 않기 위해서 이를 자신이 만든 '메시에 천체 목록'에 M1이라는 이름을 붙였습니다. 1848년, 영국 천문학자인 윌리엄 파슨스(William Parsons, 3rd Earl of Rosse)는 성운이 게의 모양과 닮았다 하여 이것에 게성운이라는 이름을 붙였습니다.

우리은하에서 폭발한 마지막 초신성은 1604년에 관측되었는데, 우리나라 『선조실록』에도 기록이 남아 있습니다. 특히 이 초신성은 독일의 천문학자 케플러(Johannes Kepler)가 자세히 연구하여 '케플러 초신성'이라고 부르기도 합니다.

🪐 별까지의 거리는 얼마나 될까?

밤하늘에 떠 있는 별은 얼마나 멀리 서로 떨어져 있을까요? 우리가 우주선을 타고 여행을 갔다 올 수 있을 정도의 거리일까요?

여름부터 늦가을까지 저녁 밤하늘을 바라보면 여름철 별자리의 밝은 별 세 개가 삼각형을 그리고 있습니다. 가장 밝은 별이 거문고자리의 베가, 즉 직녀입니다. 남쪽에 있는 밝은 별이 독수리자리의 알타이르, 즉 견우입니다. 그리고 십자가 모양의 맨 끝자리의 별이 백조자리의 데네브입니다. 이 별들을 가리켜 여름철 대삼각형이라고 합니다.

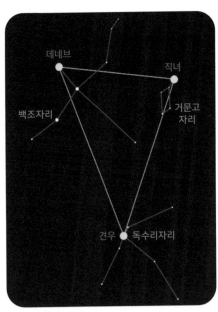

여름철 대삼각형

지구에서 가장 가까운 별인 태양까지 빛으로 가면 8분 20초 걸립니다. 그런데 견우는 17광년, 직녀는 25광년, 데네브는 1,500광년 떨어져 있습니다. 광년은 빛이 1년 동안 간 거리를 나타냅니다. 그 거리가 얼마나 멀까요? 빛이 1초에 30만 km를 날아갈 수 있으니, 1년이면 30만 km× 60초×60분×24시간×365일 ≒ 9,460,800,000,000km입니다.

1광년은 약 9조 4천 6백억 km

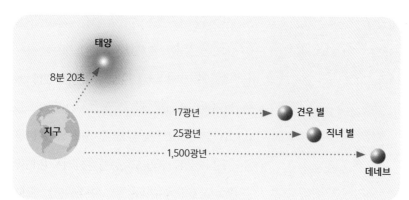

태양

8분 20초

지구

17광년 ·········▶ 견우 별

25광년 ·········▶ 직녀 별

1,500광년 ···················▶

데네브

지구와 별 사이의 거리 비교

입니다. 20km/s 속력의 우주선으로 대략 1만 5천 년을 날아가야 도달하
는 거리입니다.

　앞에서 지구에서 가장 가까운 별은 태양이라고 했는데, 태양 다음으
로 가까운 별은 과연 얼마나 지구와 가까이 있을까요? 켄타우루스자리
의 프록시마(Proxima) 별이 그 주인공입니다. 지구에서 약 4.2광년 떨어
져 있습니다. 빛의 속도로 4.2년을 가야 하는데, 거리상으로 약 40조 km
떨어져 있습니다. 이곳까지 우주선을 타고 여행한다면 약 6만 년을 날아
가야 갈 수 있습니다.

　지구의 환경이 황폐해져 인류가 다른 외계행성으로 이주한다고 해도
아마도 그곳까지 가는 데 시간이 너무 오래 걸려 살아남기 힘들 것 같습
니다. 그리고 비용도 많이 들겠지요. 이렇듯 우리 지구를 아끼고 보존하
는 것이 시간상으로 보나 경제적으로 더 이득일 것입니다.

　견우는 지구에서 17광년 떨어져 있습니다. 오늘 보는 견우 별빛은 언제 출발한 빛일까요? 17년 전에 출발한 빛입니다. 고등학교 2학년 학생이 지금 견우를 본다면, 아마 태어났을 때쯤에 출발한 빛을 보게 되는 것입니다. 조금 과장해서 이야기해보면, 만 17세 생일날 저녁에 나가서 견우를 보면 태어난 날 출발한 빛을 보게 되는 것입니다.

오늘 보는 직녀는 25년 전의 빛, 오늘 보는 데네브는 1,500년 전의 빛입니다. 1,500년 전이면 우리나라는 무슨 시대일까요? 삼국 시대입니다. 고구려, 신라, 백제 시대에 출발한 빛을 오늘 보게 되는 것입니다. 오늘 데네브에서 출발한 별빛은 1,500년 후 지구에 도착하겠지요. 그때도 지구에 사람이 살고 있을까요?

🪐 과거 별의 모습을 간직한 오늘의 밤하늘

'밤하늘을 본다'는 것은 별의 서로 다른 과거의 모습을 보는 것입니다.

밤하늘의 별들은 지구와의 거리가 각기 모두 다릅니다. 별빛이 지구로 날아오는 데 걸리는 시간도 다르고, 출발한 시간도 다릅니다. 어느 별은 17년 전의 빛, 또 다른 별은 100년 전의 빛, 어떤 은하는 1천만 년 전의 빛일 수 있습니다. 우리는 현재 지구에 있지만, 서로 출발한 시간이 다른 별빛을 보고 있기에 서로 다른 과거의 빛을 보게 되는 것입니다.

천문학자는 그중에서 가장 오래된 별빛이 무엇인지를 찾고 있습니다. 가장 오래된 별빛은 멀리서 온 빛으로, 이를 통해 오랜 과거에 우주에서 무슨 일이 있었는지를 알 수 있습니다.

안드로메다은하

지금까지 관측한 이래 가장 오래된 빛은 132억 년 전에 만들어진 은하에서 온 것입니다. 빅뱅이 일어나고 6억 년 후에 만들어진 가장 오래된 은하까지 관측했습니다.

우리은하에 가장 가까운 은하 중의 하나인 안드로메다은하는 대략 250만 광년 떨어져 있습니다. 가을과 겨울철 밤하늘에서 안드로메다은하를 볼 수 있습니다.

오늘 보는 안드로메다은하는 250만 년 전에 출발한 빛입니다. 250만 년 전이면 신생대 제4기가 시작할 무렵이고, 즉 오스트랄로피테쿠스가 살았던 시기에 출발한 빛을 오늘날 우리가 보는 것입니다. 만약 안드로메다은하에 기술이 아주 뛰어난 생명체가 살고 있는데, 그들이 오늘 망원경으로 지구를 볼 수 있다면 누가 보일까요? 우리 인간이 보일까요? 안드로메다은하에서도 우리와 마찬가지로 250만 년 전의 빛을 보는 것이기 때문에 우리 인간이 아니라 오스트랄로피테쿠스가 보일 겁니다.

우주의 많은 곳에 외계 생명체가 있다 해도 서로 만나기는 쉽지 않을 것입니다. 서로가 보낸 전파를 받는다 하더라도 그 생명체가 지금 현재 살고 있으리라는 보장은 없습니다. 우리가 관측하는 것은 모두 과거의 빛이니까요.

🪐 아름다운 밤하늘 속으로

해가 지고 나면 저녁 밤하늘에 밝게 빛나는 천체가 있습니다. 바로 행성입니다.

2019년 11월 29일, 서쪽 하늘에 토성과 초승달, 금성, 목성이 일렬로 떠 있는 멋진 장관을 이루었습니다. 이 모습이 아름다워 저도 그 순간을 스마트폰으로 촬영했습니다.

반짝이는 행성과 별의 이름을 잘 모르겠다면 스카이맵(Sky Map)이나 스타 워크(Star Walk) 등의 천체 앱을 스마트폰에 설치해보세요. 스마트폰 카메라를 하늘을 향해 비추는 것만으로도 지금 어떤 천체가 떠 있는지 쉽게 확인할 수 있습니다.

밤에도 환하게 빛으로 가득한 도시에서 천체망원경으로 천체를 관측하면 아무것도 안 보일 것 같지만, 생각보다 훨씬 다양한 천체를 볼 수 있습니다. 그렇다고 무작정 밤하늘을 바라보면 별이 몇 개 보이지 않습니다. 성도(星圖)를 바탕 삼아 밤하늘을 찾아보면 다양한 성운, 성단, 그

2019년 11월 29일 서쪽 하늘

리고 은하를 관측할 수 있습니다.

🪐 별들의 모임, 성단

군데군데 몰려 있는 항성의 집단을 성단이라고 하는데, 그 가운데 별들
이 흩어져서 모여 있는 집단을 산개성단이라고 합니다.

　겨울철 대표적인 산개성단으로는 황소자리의 플레이아데스성단(M45)
을 꼽을 수 있습니다. 맨눈으로 보아도 일곱 개가 보여서 칠공주별, 별들
이 좀스럽게 모여 있다고 해서 좀생이별이라고도 불립니다. 쌍안경으로
보면 북두칠성 국자처럼 보이고, 천체망원경으로 보면 30여 개의 별이
반짝반짝 빛납니다. 페르세우스자리에 있는 이중성단(NGC884 NGC869)
도 대표적인 산개성단입니다.

스마트폰으로 촬영한 플레이아데스성단

페르세우스자리의 이중성단

헤르쿨레스자리의 구상성단

별들이 공처럼 동그랗게 모여 있는 집단을 구상성단이라고 합니다. 대표적인 구상성단은 헤르쿨레스자리에 있는 구상성단(M13)입니다. 산개성단은 수천 개의 젊은 별들로 구성되어 있지만, 구상성단은 나이 많은 늙은 별들이 수만에서 수십만 개가 모여 있습니다. 구상성단은 망원경으로 보면 사진에서 보는 것처럼 별이 하나하나 모두 구분되어 보이지 않고, 동그란 구름이 뭉쳐 있는 것처럼 보입니다.

🪐 별처럼 반짝이는 구름, 성운

밤하늘에는 별만 있는 것이 아니라, 별을 만드는 재료인 수소도 많이 모여 있습니다. 이렇게 수소 가스와 헬륨, 먼지 등이 모여 구름처럼 보이는 것을 성운이라고 합니다.

성운은 스스로 내는 빛이 약하기 때문에 직접 눈으로 관측하기는 쉽지 않습니다. 대신 망원경으로 사진을 찍어서 보았을 때, 붉게 보이는 것을 발광성운, 파랗게 보이는 것을 반사성운, 그리고 어둡게 보이는 것을 암흑성운이라고 합니다.

발광성운은 성운 주변의 뜨거운 별에 의해 수소가 이온화되었다가 다시 결합하면서 붉은빛을 방출하게 됩니다. 반사성운은 가장 희귀한 형태의 성운으로, 성운 주위에 있는 별빛을 산란시켜서 성운이 파랗게 보이는 것입니다. 암흑성운은 성운이 두꺼워서 뒤에서 오는 별빛이 차단되어 어둡게 보이는 것입니다. 이런 성운에서 지금 이 순간에도 새로운 별이 탄생하고 있습니다.

예컨대 오리온자리 주변에서 이러한 세 종류의 성운을 모두 찾아볼 수 있습니다. 오리온성운은 발광성운이고, 마귀할멈성운은 반사성운, 그리고 말머리성운은 암흑성운입니다. 이 가운데 오리온성운은 망원경으로도 관측 가능합니다.

성운 중에는 별의 진화의 마지막 단계에

위에서부터 오리온자리의 대성운, 마귀할멈성운, 말머리성운

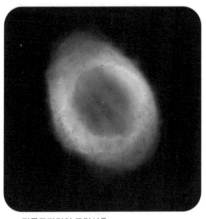
거문고자리의 고리성운

서 만들어지는 행성상성운도 있습니다. 우리가 천체망원경으로 볼 수 있는 대표적인 행성상성운은 거문고자리에 있는 반지 모양의 고리성운(M57)입니다.

태양과 같은 별은 수소 핵융합 반응을 하며 구형의 모양을 유지하고 있습니다. 핵에서 수소를 다 사용하면 중심이 수축하여 헬륨 핵융합 반응이 일어나 탄소와 산소 등의 원소를 만듭니다. 그러나 더 이상 핵융합을 하지 못하게 되면 중심 부분은 중력 수축하여 백색왜성이 됩니다. 반면에 별의 바깥 부분은 점점 팽창하여 중심핵과 분리되어 행성상성운이 됩니다. 중심에 있는 백색왜성에서 나오는 빛을 행성상성운이 흡수하여 방출하고 반사해서 알록달록한 색이 보이게 됩니다.

🪐 원소들의 고향, 별

태양 질량의 열 배가 넘는 무거운 별은 중심부 온도가 아주 높아 탄소, 산소, 규소 등의 핵융합을 일으킬 수 있습니다. 그리고 철까지 만들어질 수 있습니다. 철보다 무거운 원소들은 초신성 폭발과 중성자별들의 충돌로 만들어지게 됩니다.

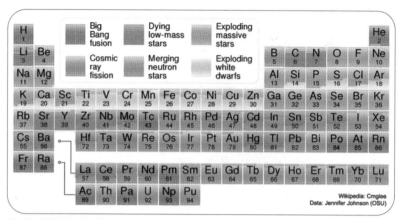

원소의 기원을 담은 주기율표

우리가 과학 시간에 배우는 주기율표의 원소들은 모두 별이 생성되고 폭발하면서 만들어진 것입니다. 위의 주기율표는 원소들의 고향이 어디 인지를 알려주는 표식이기도 합니다.

파란색은 빅뱅 때 만들어진 것이고, 분홍색은 우주선 분열에 의해 만들 어진 원소입니다. 초록색, 노란색, 회색은 별의 핵융합과 폭발에 의해 만 들어진 원소이고, 보라색은 중성자별이 충돌할 때 만들어진 원소입니다.

우리가 알고 있는 수소(H)는 모두 빅뱅 때 만들어졌습니다. 그 이후에 는 만들어지지 않았습니다. 물은 수소와 산소, 즉 H_2O로 이루어져 있습 니다. 우리가 매일 마시는 물에 들어 있는 수소는 나이가 138억 년 된 것 입니다.

우리 몸은 물이 66%, 단백질 16%, 지방 13%, 그리고 무기염류와 탄수 화물로 이루어져 있습니다. 그리고 이들을 이루고 있는 원소들을 보면

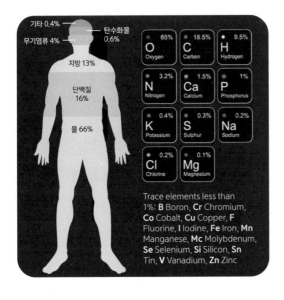

산소(65%), 탄소(18.5%), 수소(9.5%), 질소(3.2%)로 구성되어 있습니다.

우리 몸을 이루고 있는 원소들은 모두 어디서 왔을까요? 수소를 제외한 약 90%의 원소들은 모두 별에서 왔습니다. 우리는 모두 '별에서 온 그대'입니다. 도민준만 별에서 온 것이 아니라, 우리 모두가 별에서 온 것이랍니다.

시간이 흘러 태양이 폭발하면 우리도 같이 우주로 흩어져 우주 먼지가 되겠지요. 우리는 우주에서 와서 잠시 지구에 머물렀다가 다시 우주로 여행을 떠나게 될 것입니다.

권홍진

지구과학교사이자 아마추어 폰토그래퍼(Phonetographer). 스마트폰으로 아름다운 지구와 별 사진을 찍는다. 경기도융합과학교육원과 경기과학고등학교에서 근무했으며, 현재 판곡고등학교에서 지구과학을 가르치고 있다. 지구과학야외학습연구회 회장으로 주말마다 한탄강과 시화호에서 학생들의 지질체험학습을 진행하고 있으며, 평일에는 학교로 찾아가는 천체관측교실을 운영하면서 지구과학 대중화에 앞장서고 있다. 2018년 올해의 과학교사상을 수상했다.

별은 어떻게
만들어질까?

저는 별의 탄생 과정을 연구하고 있는 대학원생입니다. 별은 우주의 가장 기본적인 단위입니다. 스스로 빛과 에너지를 만들어내는 놀라운 물체이죠. 하지만 밤하늘에 반짝반짝 빛나는 별도 원래부터 존재했던 것은 아닙니다. 모든 일에는 시작이 있는 법이죠.

별은 도대체 어떻게 만들어지는 걸까요? 별이 만들어지는 곳은 어디인지, 어떻게 만들어지는지, 별 탄생 영역은 어떻게 관측하는지, 별을 관찰하는 천문학자들이 부딪히고 있는 문제는 무엇인지 등등 이에 대한 답을 지금부터 하나씩 풀어가고자 합니다.

황지혜

🪐 별이 품고 있는 비밀을 찾아서

밤하늘을 올려다보며 가장 빛나는 별을 찾아보거나 빛으로 수놓은 별자리를 찾아본 경험이 있나요? 밤하늘이 깜깜하고 어두울수록 더욱 환하게 빛을 내는 별은 늘 신비로워 보입니다. 그 신비로운 빛에 이끌린 고대의 사람들은 이 별들에 다양한 신화와 자신들의 이야기를 담아 이해했습니다. 온갖 이야기를 별과 별을 이은 별자리에 그렸습니다.

이 밖에도 오랜 시간 사람들은 별의 움직임을 보고 좋은 일과 나쁜 일에 대한 점을 치기도 했습니다. 별의 움직임 외에도 태양이 달에 가리는 현상인 일식을 불길한 징조로 받아들였습니다. 오늘날 현대인의 시각에

밤하늘을 수놓은 빛들이 품고 있는 별자리 이야기

서 바라보자면 이것은 전혀 근거가 없고 비과학적인 행동이지만, 고대인들은 자신들이 가지고 있는 지식을 총동원하여 별에 대해서 이해하려고 했던 것이죠. 이 같은 별을 이해하고자 하는 노력은 오늘날까지 계속해서 이어지고 있습니다. 현재도 별은 천문학자들의 주요 연구 분야입니다.

별은 천체를 이루는 가장 기본적인 존재임에도 불구하고 그 탄생 과정은 아직도 명확하게 밝혀지지 않았습니다. 그렇기 때문에 많은 천문학자가 별이 어떻게 탄생하는지 그 비밀을 밝혀내기 위해 지금도 연구에 매진하고 있습니다.

자, 그럼 이제부터 천문학자들의 연구로 밝혀진 별이 만들어지는 곳, 별이 만들어지는 과정, 또 관측을 통해 별 탄생을 연구하는 구체적인 방법들을 살펴보도록 합시다.

🪐 별들의 고향, 성운

사람이 태어나거나 어린 시절을 보낸 곳을 고향이라고 부릅니다. 고향을 가진 것은 사람만이 아닙니다. 별들에게도 고향이 있습니다.

밤하늘을 올려다보면 별과 별 사이에는 아무것도 없는 것처럼 보이는 공간이 있습니다. 이러한 공간은 눈으로 볼 때는 아무것도 보이지 않지만 실제로는 많은 먼지와 분자로 이루어진 물질이 있습니다. 천문학자들은 이러한 물질이 별과 별 사이에 존재한다고 하여 별 성(星), 사이 간(間) 자를 써서 '성간물질'이라고 부릅니다.

은하수 사이로 빛나는 별빛과 검은 구름으로 보이는 성운을 볼 수 있다.

이 성간물질들이 모이면 구름과 같은 형태로 존재하게 되는데 천문학자들은 이것을 별들의 구름, 즉 성운(星雲)이라고 부릅니다. 이 성운이 바로 별들의 고향입니다. 성운은 많은 분자로 이루어져 있기 때문에 분자 구름(molecular cloud)이라고도 부릅니다.

별들이 있는 우주 공간에 난데없이 구름이라니? 함께 위의 사진을 보실까요? 이 사진은 밤하늘에 떠 있는 은하수를 촬영한 사진입니다. 별들이 마치 강[河]처럼 흐르는 모습으로 보인다고 해서 은하수(銀河水)라는 이름이 붙었습니다.

그런데 이 은하수를 자세히 살펴보면 반짝이는 별들을 가리는 검은 구름을 확인할 수 있습니다. 이것이 바로 성운입니다. 성운들은 꼭 은하수에만 있는 것은 아닙니다. 사실 우리 눈에는 보이지 않지만, 별과 별 사이의 공간에도 성운들이 숨어 있습니다.

우리의 눈으로 볼 때는 아무것도 보이지 않지만, 성운에서는 지금 이 순간에도 놀라운 일들이 일어나고 있습니다. 그 안에서 새로운 아기별들이 만들어지고 있답니다. 하나의 성운 안에서 하나의 별만 만들어지는 것이 아니라, 여러 개의 별들이 함께 만들어집니다. 이 별들은 같은 고향을 공유하고 있는 친구들이라고 할 수 있는 것이죠.

🪐 성운은 무엇으로 이루어져 있을까?

맑은 날에 하늘을 올려다보면 하얀 솜사탕 같은 구름을 볼 수 있습니다. 이 구름은 어떤 성분으로 구성되어 있는지 알고 있나요?

구름이 만들어지기 위해서는 먼저 공기 중에 있는 물 분자들이 수증기가 되어 하늘로 올라갑니다. 하늘로 올라간 수증기들이 먼지 같은 작은 물질들에 달라붙으면 미세한 물방울이 됩니다. 마치 아침에 일어나면 아무것도 없던 식물들에 이슬이 잔뜩 달라붙어 있듯이 말입니다. 그러니까 구름은 아주 작은 물방울들과 먼지들이 뭉쳐 있는 형태입니다.

구름의 주요 구성성분은 물 분자들인데, 그렇다면 우주의 성운들은 무엇으로 이루어져 있을까요? 성운의 대부분은 세상에서 가장 가벼운 원자인 수소(H)와 그다음으로 가벼운 원자인 헬륨(He)이 차지합니다. 이 밖에도 극히 적은 양이지만 무거운 분자들과 먼지들도 포함하고 있습니다.

수소 원자 두 개가 결합하면 수소 분자(H_2)가 됩니다. 이 수소 분자는 우리 눈에 전혀 보이지 않는 기체들입니다. 성운은 주로 수소 분자들로 이루어져 있어서, 우리는 그 성운을 전혀 볼 수 없어야 합니다. 그러나 우리는 성운을 잘 관측할 수 있습니다. 왜 그럴까요? 그 이유는 성운 안에 있는 먼지들이 별빛들을 차단하기 때문입니다. 그 덕분에 우리는 성운 안에 있는 수소 분자들은 볼 수 없지만, 먼지들이 별빛을 막는 바람에 검은 구름 형태의 성운을 눈으로 확인할 수 있는 것입니다.

🪐 성운의 크기를 재는 단위는?

그렇다면 성운의 크기는 얼마나 될까요? 별이 탄생하는 장소인 만큼 그 크기도 어마어마하게 큽니다.

지구에서 태양까지의 거리는 약 149,597,871km입니다. 지구에서 태양까지의 거리도 이렇게 엄청난 숫자인데 성운의 크기를 재려면 얼마나 많은 숫자가 필요할까요? 그렇기 때문에 성운의 크기를 재기 위해서는 우리가 평소에 사용하던 단위가 아닌 새로운 단위가 필요합니다. 지구에서 일반적으로 사용하는 거리의 단위는 센티미터(cm), 미터(m), 킬로미터(km)입니다. 그렇지만 이 단위들은 우주에 있는 천체들을 측정하기에는 지나치게 작은 값이기 때문에 이것들을 사용하지 않고 새로운 단위를 사용합니다.

일단 천문학에서 사용하는 가장 기본적인 거리 단위는 AU라는 단위입니다. AU는 영어 'Astronomical Unit'의 약자인데요, 한국어로 번역하면 천문단위라는 뜻입니다. 1AU는 앞서 말한 지구와 태양까지의 거리로, 약 1억 5천만 km입니다. 지구의 둘레는 약 4만 km인데 1AU는 지구를 3,750바퀴를 돌 수 있는 거리입니다.

하지만 우주는 너무나도 거대하기에 이 AU라는 단위로도 모든 것을

측정하기에는 부족합니다. 그
렇기 때문에 이보다 더 큰 단
위를 사용하는데 바로 파섹
(parsec; pc)이라는 단위입니다.

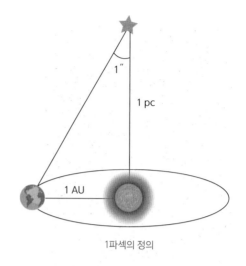

1파섹의 정의

이 파섹이라는 단위를 측정
하기 위해서는 삼각법이라는
수학적 방법을 사용합니다. 파
섹은 지구와 태양과 별이 지나
는 삼각형을 그렸을 때, 지구
와 별, 별과 태양을 잇는 선 사이의 각이 1초각(1″)이 되는 거리입니다.
1초각은 각도기에서 1도의 1/3,600의 크기입니다. 1파섹을 킬로미터 단
위로 다시 표현해보면 약 $3.086×10^{13}$km입니다. 이는 지구를 7억 7천 바
퀴나 돌 수 있는 거리입니다.

🪐 성운의 크기는 얼마일까?

원래의 질문으로 돌아와서 별들의 고향인 성운의 크기를 알아봅시다.
성운의 평균적인 반지름 크기는 약 20~200파섹 정도입니다. 얼마나 넓
은지 감이 오나요? 별들의 고향은 무엇에 비할 바 없이 매우 매우 넓습니
다. 별들의 고향은 우리 지구에서 130~450파섹 거리만큼 떨어진 위치에
많이 존재합니다.

오리온자리. 중심에 나란히 보이는 밝은 세 개의 별들이 있고 그 아래쪽에 오리온성운이 숨어 있다.

이 별들의 고향 중 가장 유명한 곳을 하나 꼽자면 오리온성운을 들 수 있습니다. 오리온자리는 가을과 겨울철에 특히 쉽게 찾을 수 있는 별자리 중 하나입니다. 사진에서 보면 오리온자리의 허리띠를 이루는 세 개의 나란히 정렬된 별들이 보일 겁니다. 이 아래쪽에 오리온성운이 존재합니다.

오리온성운은 별들이 가장 활발히 탄생하고 있는 곳으로, 과거부터 지금까지 많은 천문학자들이 꾸준히 연구하고 있습니다. 오리온성운에는 현재 3,000개 정도의 아기별이 존재하고 있습니다. 다음에 오리온자리를 밤하늘에서 찾는다면, 그곳에 우리 눈에 보이지 않는 별들이 태어나고 있음을 기억해주길 바랍니다.

🪐 별은 어떻게 만들어질까?

지금까지 별들의 고향인 성운에 대해 살펴보았습니다. 이번에는 성운에서 별이 만들어지는 과정에 대해 알아보겠습니다.

일단 성운 안에 가스와 먼지들이 활발하게 움직이면서 밀도가 높은 곳이 만들어지게 됩니다. 밀도는 일정한 부피 안에 들어 있는 무게라고 할 수 있습니다.

예를 들어서 엘리베이터에 탄다고 생각해봅시다. 하나의 엘리베이터에는 세 명의 사람이 타고 있고, 또 다른 엘리베이터에는 열 명의 사람이 타고 있습니다. 이때 밀도는 열 명의 사람이 타고 있는 곳이 더 높습니다. 사람이 많으면 서로 부딪히기도 하고 그들이 내뿜는 체온에 의해 온도도 올라갑니다.

성운도 똑같습니다. 성운 안의 기체와 먼지의 밀도가 높아지면 모여 있는 가스와 먼지의 충돌 등에 의해 온도도 올라갑니다. 이때 기체와 먼지의 밀도가 높아지는 곳에서는 중력이라는 힘이 작용합니다.

그렇다면 중력은 무엇일까요? 뉴턴이 떨어지는 사과를 보고 생각해냈다는 이야기가 전해지기도 합니다. 중력은 물체가 서로를 끌어당기는 힘으로, 물체가 무거울수록 강합니다.

자, 책상 위에 아무 물건이나 집어봅시다. 눈을 감고 집중해보세요. 중력이 느껴지나요? 아마 느껴지지 않을 겁니다. 하지만 손 위의 물체와 나 자신 사이에 분명 서로를 끌어당기는 중력이 존재합니다.

왜 중력을 느낄 수 없을까요? 그 이유는 물체와 나 사이에 분명 중력이 작용하지만, 너무 작아서 느낄 수 없기 때문입니다. 중력은 무게가 무거울수록 강하게 작용합니다.

지구에서 가장 무거운 물체는 바로 지구입니다. 따라서 지구에서는 지구가 끌어당기는 중력이 가장 큽니다. 사과가 지구로 떨어지는 이유도

이 지구의 중력 때문입니다. 중력은 아주 작은 물체에서도 작용합니다. 우주의 기체와 먼지 사이에도 서로를 끌어당기는 중력이 작용합니다.

이렇게 물질이 서로 끌어당기면 한곳으로 모이게 됩니다. 물질의 양이 많아져 중력이 강해지면 또 다른 주변의 물질들을 계속 끌어당깁니다. 물질들이 서로 중력으로 끌어당기다 보면 점점 크고 동그란 형태를 띠게 됩니다. 무게가 별을 만들 만큼 충분히 커지면, 안에 있는 물질들이 서로 부딪히면서 에너지를 냅니다. 이 에너지는 빛으로 바뀌어 주변으로 발산됩니다. 이 초기 상태를 원시별(protostar)이라고 합니다.

🪐 원시별과 행성의 탄생

원시별은 성운 안에 존재합니다. 성운에는 많은 먼지와 기체가 있다고 앞서 언급했습니다. 이러한 먼지와 기체는 원시별을 성장시키기 위한 아주 좋은 원료가 됩니다. 원시별은 주변의 물질들을 계속해서 끌어당기며 성장합니다.

다음 페이지의 사진에서 원시별의 모습을 살펴봅시다. 원시별 주위에는 기체와 먼지들이 원반의 형태로 존재합니다. 기체와 먼지가 원반의 형태로 존재하는 이유는 여기에서 다루기에는 어려워 넘어가겠습니다. 원반의 형태만 고려하면, 토성의 고리와 비슷하다고 생각하면 됩니다. 이 원반에서는 별이 만들어진 것처럼 물질들이 뭉쳐져서 원시 행성들을 만들어냅니다. 원시 행성들은 별이 만들어질 만큼 물질이 충분하지 않기 때문에 별이 되지 않고 행성으로 만들어집니다.

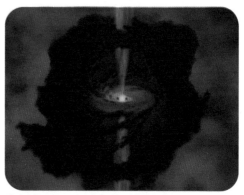

원시별의 모습. 중심에 빛을 내는 원시별과 주변을 도는 원반 그리고 위아래로 방출되는 물질들을 볼 수 있다.

우리의 태양계도 과거에는 이러한 형태였습니다. 태양이라는 원시별이 만들어지고, 원시별 주변의 원반에서 다양한 원시 행성들이 만들어졌습니다. 이 원시 행성들은 현재 우리가 사는 지구를 비롯하여 수성, 금성, 화성 등의 이름을 갖게 되었습니다.

과거에 천문학자들은 원시별의 구성 요소가 원시별과 원반만 있다고 생각했습니다. 왜냐하면 과거에는 망원경의 성능이 충분하지 않아 성운 안의 원시별을 직접적으로 관측하는 것이 힘들었기 때문입니다. 망원경이 발달함에 따라 현재는 성운 안에 있는 원시별을 관측하는 것이 가능해졌습니다. 이렇게 원시별을 관측해보니 원반뿐만 아니라 원시별이 원시별의 양극으로 물질을 빠르게 분출하는 것을 발견했습니다. 천문학자들은 이 분출되는 물질을 방출류(outflow)라고 부릅니다.

🪐 별의 탄생을 막는 미지의 힘

처음에 우리는 천문학자들이 별의 탄생 과정을 완전히 규명하지 못했다고 말했습니다. 하지만 지금까지의 설명을 보면 원시별이 중력에 의해 만들어지는 과정이 잘 설명되는 것처럼 보입니다.

그러나 사실은 그렇게 간단한 문제가 아닙니다. 학자들이 수학적으로 계산한 결과, 중력에 의해서만 별들이 만들어진다면 우리은하에서 태양만 한 별이 1년에 100여 개가 생성될 것이라고 예측합니다. 그러나 관측한 결과, 우리은하에서 만들어지는 태양만 한 별은 1년에 고작 한 개 정도에 불과합니다.

그렇기 때문에 무언가 미지의 힘이 중력에 의해서 별이 만들어지는 것을 방해하고 있다는 것입니다. 천문학자들은 이 힘이 무엇일지에 대해 아직도 논쟁 중입니다. 여기에 대해서는 많은 연구가 있지만 가장 유력한 후보는 자기장과 난류입니다.

자기장은 전기를 띠는 입자들이 움직이면서 발생하는 힘입니다. 자기장은 전기를 띠는 입자들과 결합해 있어서 다른 분자들이 움직이는 것을 방해합니다. 난류는 기체나 액체가 흐르면서 서로 다른 속도로 움직이거나 온도가 다를 때 만들어지는 힘입니다. 난류도 자기장과 마찬가지로 중력에 의한 물질의 이동을 방해합니다. 따라서 자기장과 난류는 중력을 방해하는 가장 큰 요소들입니다.

여기에서 문제가 되는 것은 두 힘 중에 어느 힘이 더 결정적인 영향을 미치는지입니다. 자기장과 난류 중 어떤 힘이 더 중요한지는 별 탄생 연구에서 풀리지 않는 난제 가운데 하나입니다.

2019년에 별 탄생을 연구하는 학자들이 모여서 학회를 했습니다. 이

학회에서 학자들은 자기장과 난류 중 어떤 힘이 더 중요한지에 대해서 투표를 진행했습니다. 결과는 어땠을까요? 투표 결과는 거의 반반이었습니다. 아직은 풀리지 않은 이 문제도 천문학자들이 언젠가는 밝혀낼 것입니다.

🪐 별들의 고향을 관측하는 방법

원시별을 우리의 눈으로 관측하는 것은 거의 불가능합니다. 왜냐하면 성운 안에 있는 먼지들이 원시별의 빛을 차단하기에 우리의 눈에는 깜깜한 먼지구름밖에 보이지 않기 때문입니다. 따라서 일반적인 망원경으로 성운을 관찰할 때 원시별은 관측할 수 없습니다. 여기에서 일반적인 망원경은 광학망원경을 말합니다.

광학망원경은 렌즈나 거울을 이용해서 별빛을 모아 우리의 눈으로 별을 볼 수 있도록 만든 관측기기입니다. 광학망원경이 모으는 빛은 가시광선(可視光線, visible light)이라는 종류의 빛입니다.

이 이야기를 다루기 위해서는 먼저 빛에 관해서 이야기해야 합니다. 우리가 눈으로 볼 수 있는 빛은 다양한 색깔을 띠고 있습니다. 비 온 뒤 무지개를 보거나 프리즘에 빛을 통과시켜 보면 빛이 빨주노초파남보의 다양한 색을 띠는 것을 볼 수 있습니다.

빛의 색깔은 왜 서로 다를까요? 그 이유는 빛의 파장이 다르기 때문입니다. 빛은 파동으로 이루어져 있습니다. '파동이 A라는 위치에서 시작

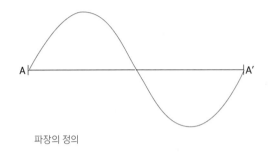
파장의 정의

해서 같은 위치인 A′로 도착하기까지의 길이'를 파장이라고 합니다. 우리의 눈으로 볼 수 있는 파장의 범위는 한정되어 있는데 이 한정된 영역에 있는 빛을 가시광선이라고 부르는 것입니다. 그렇기 때문에 이 세상에는 가시광선 외에도 다양한 종류의 빛들이 있습니다.

파장의 크기에 따라 빛들은 천차만별입니다. 학자들은 이 빛을 전자기파(電磁氣波, electromagnetic radiation)라는 이름으로 부릅니다. 전자기파라고 하면 전자기기에서만 사용될 것 같은 느낌이 들지만, 전자기파는 눈에 보이지 않는 빛까지 포함하여 모든 빛을 통칭하는 이름입니다.

우리는 일상에서 다양한 전자기파의 도움을 받아 살아갑니다. 병원에서 몸의 내부를 찍기 위해 엑스레이(X-ray)라는 전자기파를 사용합니다. 라디오, 컴퓨터, 스마트폰에서 음성과 영상을 전달하기 위해 사용하는 전파(radio) 역시 전자기파입니다. 전자레인지에 음식을 넣고 돌리면 마이크로파(microwave)라는 전자기파가 나와 음식 안의 물을 진동시켜서 따뜻하게 데워줍니다. 여름에는 따가운 태양 빛에 포함되어 있는 자외선(ultraviolet; UV)을 피하고자 선크림을 바릅니다.

혹시 tvN 채널에서 방영한 〈대탈출〉이라는 예능 프로그램을 본 적 있나요? 이 프로그램에서 완전히 깜깜한 어둠 속에서 출연진들이 탈출해야 하는 에피소드를 방영한 적이 있었습니다. 모든 빛을 차단했기 때문에 출연자들은 아무것도 볼 수 없었지만 텔레비전을 보는 시청자들은 출연자들이 어떤 행동을 하는지 볼 수 있었습니다. 어떻게 가능했을까요? 그 비밀은 적외선(infrared ray; IR)이라는 전자기파를 사용했기 때문입니다. 적외선 카메라는 사람의 신체에서 나오는 열(적외선)을 감지해서 어둠 속에서도 촬영할 수 있습니다.

앞서 설명한 전자기파들의 파장을 아래 그림에서 확인할 수 있습니다. 이처럼 우리가 모르고 지나갈 만큼 일상의 많은 부분에 다양한 전자기파가 숨어 있습니다.

그렇다면 이 다양한 전자기파 중에 어떤 전자기파를 사용해야 성운과 성운 안의 원시별을 관측할 수 있을까요? 우리는 앞서 먼지가 빛을 흡수

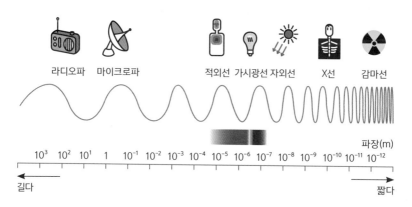

파장의 크기에 따라 분류한 전자기파

한다고 말했습니다. 먼지는 파장이 짧은 가시광선과 같은 빛을 흡수하고 파장이 긴 적외선이나 전파로 방출합니다. 따라서 별 탄생을 연구하기 위해서는 적외선과 전파로 관측해야 합니다.

🪐 적외선으로 성운을 관측하다

천문학에서 적외선이나 전파를 이용해서 우주를 관측하기 시작한 시기는 언제일까요? 먼저 적외선에 관해 이야기해봅시다.

영국의 천문학자 프레더릭 윌리엄 허셜(Frederick William Herschel)은 1800년에 태양의 흑점들을 관찰하는 실험을 했습니다. 허셜은 햇빛을 프리즘에 통과시켜 가시광선의 빨간 부분보다 더 나간 부분을 온도계로 재었습니다. 온도계는 가시광선보다 높은 온도를 표시했는데, 이것이 적외선이라는 것을 발견했습니다. 허셜에 의해 가시광선 외에도 눈에 보이지 않는 빛이 있다는 것을 발견한 것이죠. 하지만 적외선을 이용한 관측을 시작한 것은 1945년 이후입니다. 적외선을 검출할 기기가 그때서야 발명되었기 때문입니다.

이후 적외선을 이용해 우주의 천체를 관측한 연구를 통해서 별이 탄생하는 성운을 관측하게 되었습니다. 적외선으로 성운을 관측한 연구에서는 은하에서 검은 구름으로 보이는 영역이 밝게 나타나는 것을 볼 수 있습니다.

적외선을 관측하는 망원경은 주로 우주로 망원경을 쏘아 올려서 사용합니다. 적외선은 대기의 수증기에 영향을 많이 받기에 수증기가 없는 우주에서 관측하는 것입니다. 대표적인 우주망원경으로는 앞서 언급한 허셜의 이름을 딴 허셜우주망원경과, 은하와 우주 팽창을 발견한 미국의 천문학자 에드윈 허블(Edwin Powell Hubble)의 이름을 딴 허블우주망원경이 있습니다.

🪐 미지의 우주의 모습을 밝혀낼 전파망원경

전파를 이용한 관측은 적외선보다는 조금 빠른 1930년에 처음 이루어졌습니다. 전파를 이용한 천체 관측은 놀랍게도 천문학자가 아닌 공학자에 의해 이루어졌습니다.

벨 전화 연구소에서 일하던 미국의 전파공학자 칼 구스 잰스키(Karl Guthe Jansky)는 대서양을 횡단하여 목소리를 전송하는 통신기기에 자꾸 잡음이 포함되는 것을 발견했습니다. 그는 이 잡음이 어디서 오는지 확인하기 위해서 커다란 피뢰침 모양의 지향성 안테나를 설치했습니다. 그는 이 잡음이 23시간 56분마다 최대가 되는 것을 발견하고, 천체물리학자이자 교사였던 앨버트 멜빈 스켈렛에게 이 현상을 이야기합니다.

지구에서 우리가 한곳에 서서 특정한 한 별을 바라보았다고 합시다. 지구가 한 번 자전한 후 다시 같은 위치를 바라보기까지 걸리는 시간이 바로 23시간 56분입니다. 따라서 알 수 없는 잡음이 고정된 천체로부터 오는 것임을 알 수 있습니다.

칼 잰스키는 본인의 관측 결과를 천문도와 비교해서 궁수자리 은하수의 가장 짙은 지역을 안테나로 관측했을 때 잡음이 가장 크다는 결론을 내렸습니다. 그는 이러한 발견을 1933년 학계에 발표했습니다. 전파천문학에서는 그의 업적을 기리기 위해 전파의 세기를 측정하는 기본 단위를 잰스키(Jy)로 명명해 사용하고 있습니다.

전파를 이용하면 별이 탄생하는 영역을 더 자세히 연구할 수 있습니다. 이를 이해하기 위해서는 천문 관측의 중요한 개념인 분해능을 이해해야 합니다. 분해능이란, 서로 떨어져 있는 두 물체를 분해하여 볼 수 있는 능력을 말합니다.

예컨대 종이에 두 점을 1cm 간격을 두고 찍어봅시다. 종이를 멀리 떨어뜨려 놓고 바라보면 두 점이 한 점처럼 보일 것입니다. 두 점을 각기 구별해 보기 위해서는 망원경이 필요할 겁니다.

이처럼 관측에서 분해능을 좋게 만드는 방법은 두 가지입니다. 긴 파장을 가지는 전자기파로 관측을 하거나, 크기가 큰 망원경을 만들어야 합니다. 전파는 파장이 길고, 망원경의 크기도 크게 만들 수 있는 장점이 있습니다. 전파망원경은 흡사 레이더처럼 생겼습니다.

현재 세계에서 가장 큰 전파망원경은 중국에 있는 패스트(FAST, Five-hundred-meter Aperture Spherical radio Telescope)라는 전파망원경으로 지름이 500m나 됩니다. 이에 비해 세계에서 가장 큰 광학망원경은 켁 천문대(Keck Observatory)에 있는 두 대의 망원경으로 지름이 각각 10m 입니다.

독일 에펠스버그 100m 전파망원경

이렇듯 전파망원경은 광학망원경보다 훨씬 크기 때문에 좋은 분해능을 가집니다. 또한 전파망원경 여러 대를 이용해 관측한 결과를 합쳐서 가상의 더 큰 크기의 망원경을 만들 수 있습니다. 가상의 망원경의 지름은 망원경들이 떨어진 최대 거리와 같습니다. 이렇게 여러 대의 망원경을 하나의 망원경처럼 관측하는 것을 전파간섭계(radio interferometer)라고 합니다.

망원경을 멀리 떨어뜨려 놓을수록 우리는 더 자세히 천체를 볼 수 있습니다. 때문에 천문학자들은 전 세계의 망원경을 동시에 이용해 지구 크기만 한 가상의 망원경을 만들기도 합니다. 이렇듯 전파망원경은 지금껏 보지 못했던 놀라운 우주의 모습을 밝혀낼 수 있는 능력을 점점 갖추고 있습니다.

다음 페이지의 사진은 오리온성운 안의 별 탄생 영역을 관측한 결과입니다. 배경에 푸른색으로 길쭉한 형태를 보이는 긴 구름들이 성운입니다. 이 성운은 허셜우주망원경을 이용해 관측한 결과입니다. 성운 안의 아기별들은 네모 박스 안에 작은 이미지들로 표현되어 있습니다. 모두 전파망원경을 이용해 관측한 결과입니다.

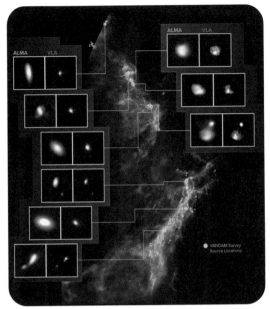
적외선과 전파망원경을 이용해 관측한 성운과 원시별들

전파망원경으로 관측을 시작한 지는 100년도 채 되지 않았지만, 탄생 후부터 지금까지 별 탄생의 비밀을 밝히기 위해 활발히 이용되었습니다. 그리고 지금도 전 세계의 천문학자들이 전파망원경을 이용해 별 탄생 영역을 관측하고 연구하고 있습니다.

별이 탄생하는 과정을 온전히 이해할 수 있는 날이 곧 다가올지도 모릅니다. 앞으로 어떤 놀라운 결과들을 보여줄지 기대해주시기 바랍니다.

황지혜

과학기술연합대학원대학교 한국천문연구원 캠퍼스 천문우주과학석박통합과정. 별 탄생을 연구하는 대학원생으로, 특히 별 탄생 영역에서 자기장이 어떤 역할을 하는지 연구하고 있다. 온라인 강의인 '천문학 이야기'의 튜터로 활동했었다. 천문학회에서 네이버와 함께 진행하는 '천문학 백과사전' 작업에도 참여하고 있다. 별 탄생과 전파천문학을 쉽게 전달하는 책을 쓰는 것이 꿈이다.

03

천문대의 시간

천문학은 관측을 통한 발견의 학문입니다. 천문학은 다른 자연과학 분야와 달리 실험을 할 수 없습니다. 별이나 은하, 아니면 혜성을 만들어보는 실험은 모두 지구에서 할 수 없는 것들입니다. 하지만 우주의 탄생 이후 벌어진 수많은 실험의 결과가 현재 우리가 바라보는 우주이며, 이런 결과를 천체망원경으로 관측하여 거꾸로 어떤 실험의 결과인지 알아나가는 학문이 바로 천문학인 것입니다.

전영범

🪐 천문대의 일상 풍경

천문대 하면 머릿속에 가장 먼저 떠오르는 생각은 무엇인가요? 아마도 '별을 보는 곳'일 겁니다. 하지만 우리나라에서 맑은 날의 수가 가장 많다고 알려진 1,100m 고지에 자리한 보현산천문대에서도 별을 관측 못 하는 날이 많습니다.

여름철엔 주로 비가 오고 습해서 별을 못 보는 날이 많습니다. 이럴 땐 천문학자들도 아예 관측을 포기하고 망원경을 새롭게 정비하는 일에 시간을 보냅니다. 망원경을 완전히 분해해 거울은 거울대로 새로 코팅해서 반사율을 높이고, 거울이 없는 기간에는 돔 내부 대청소를 비롯해, 모터부와 전자 제어부와 프로그램의 개선, 관측장비 점검 등의 일을 하며 일

2016년도 페르세우스 유성우의 모습. 약 세 시간 동안 촬영한 유성우를 한 장의 사진에 모았다.

과를 보냅니다.

보현산천문대의 흔한 여름 풍경

한편 장마가 지난 뒤 맑게 갠 여름 밤하늘의 은하수는 다른 계절보다도 훨씬 아름다운 모습으로 반겨줍니다. 더불어 8월 12일을 전후한 무렵에 페르세우스 유성우가 멋진 화구(火球)를 터뜨리는 장관을 마주할 때면 여름밤의 무더위를 잠시나마 잊게 됩니다.

발아래로 구름이 낮은 산을 넘어 다니고, 그 아래에 도심의 불빛이 네온사인처럼 여러 색으로 은은하게 배어나는 가운데, 은하수가 화려하게 빛을 뿌리거나 밝은 달이 떠오르면, 흡사 동화 속 풍경 같은 환상적인 분위기가 연출되곤 합니다.

여름마다 천문대를 찾아오는 학생들은 몇 시간 이어지던 강연보다도 밖에서 별을 바라보며 친구들과 이야기 나누던 시간이 훨씬 기억에 남을 것입니다. 무더운 여름밤, 맨바닥에 누워 밤하늘의 별을 헤아리는 즐거움은 그 무엇과도 비할 바 없을 것입니다.

겨울이면 천문대에는 전혀 다른 풍경이 펼쳐집니다. 맑은 밤의 공기는 상쾌하기 그지없지만, 너무 추워 밖에서 별을 보기가 무척 힘이 듭니다. 1.8m 망원경 관측자도 관측실에서 밖으로 거의 나오질 않습니다. 맑은

보현산천문대를 찾은 학생들의 여름밤 별 보기

하늘 아래 초롱초롱한 별을 마주하더라도 가끔 돔이 얼어붙어서 관측을 포기할 수밖에 없는 상황이 이어집니다. 이에 낮 동안 얼어붙은 얼음을 망치로 두드려 깨는 작업에 몰두하곤 합니다.

1993년부터 시작된 보현산천문대 건설 초기 무렵에는 겨울마다 눈이 참 많이 왔습니다. 도로에 눈이 지나치게 많이 쌓이면 사륜구동 차량도 제 역할을 전혀 못 합니다. 삽으로 아무리 눈을 치워도 천문대로 올라갈 수 없어서 결국 출근길에 다시 퇴근한 적도 있습니다. 그런 뒤 다음 날에 포크레인을 불러서 앞에서 눈을 치우며 뒤에서 차가 따라 올라갔는데, 결국 그 뒤를 따르던 통근차는 퇴근 시간이 다 되어 도착하는 바람에 다시 그길로 퇴근길에 오르던 일도 있었습니다.

겨울철에는 눈보다도 살짝 얼어붙은 도로가 더 위험합니다. 겨울이 끝나가는 시점에 봄을 시샘하듯 오는 눈 때문에 가끔 위험에 처하는데, 낮 동안에 내린 눈이 살짝 녹은 상태에서 밤 동안 다시 얼어붙으면 사륜구동 차량에 스노우 체인까지 감아도 미끄러져서 올라갈 수가 없습니다. 이에 걸어갈 요량으로 도로에 내려서는 순간 수십 미터를 그대로 미끄러진 적도 있습니다. 가끔 무리해서 올라

보현산천문대의 겨울 풍경

온 관광객의 차량이 얼어붙은 도로에서 오도 가도 못 하는 바람에 천문대 직원들의 퇴근길이 난감했던 적도 있습니다. 이런 하나하나가 모두 천문대 일상의 일부분입니다.

🪐 천문대는 별을 보기 어려운 곳

보현산천문대가 완성된 지 얼마 안 되었을 무렵의 일이었습니다. 1.8m 망원경 돔에서 관측하던 중이었는데, 어떤 한 가족이 문을 두드리며 "별 좀 보여주세요" 하던 모습이 아직도 기억에 남습니다. 당시엔 사람들이 너무 자주 올라와서 별을 보여달라고 했던 터라 순간적으로 화를 내면서 돌려보냈는데, 관측실 의자에 돌아와 앉자마자 후회가 되어 다시 나가 보니 이미 그 가족의 차는 내려가고 없었습니다.

차량의 불빛은 관측에 큰 방해가 되기 때문에 관측실 근처까지 차가

올라오는 것을 지금도 무척 싫어합니다. 그러나 이미 올라온 상태였고, 관측하는 모습이라도 보여줄 수 있었을 텐데 하는 미안한 마음이 컸습니다. 이미 성인이 되었을, 당시 부모 뒤에서 물끄러미 저를 바라보던 아이의 눈망울을 지금도 잊을 수 없습니다. 아쉽지만 연구를 목적으로 하는 보현산천문대는 아무 때나 일반인에게 별을 보여줄 수 없습니다. 별을 보려는 목적이라면 시민천문대나 사설천문대를 찾아가야 합니다.

보현산천문대의 1.8m 망원경 돔은 관측에 방해될 수 있어 관측실을 제외한 곳에는 난방을 전혀 하지 않습니다. 관측을 위해 돔 슬릿을 열면 망원경은 바깥 대기에 그대로 노출됩니다. 그래서 너무 춥거나 습한 날씨에는 관측을 포기할 수밖에 없습니다.

망원경을 사용하기 위해서는 1년에 두 번 있는 관측 제안서 심사과정을 거쳐 시간 배정을 받아야 합니다. 천문대 근무자도 시간 배정을 받지 못하면 망원경을 쓸 수도, 별을 관측할 수도 없습니다.

망원경 뒤에는 항상 관측장비가 붙어 있습니다. 보현산천문대에서는

보현산천문대 1.8m 광학망원경의 모습. 1만 원권 뒷면에서도 볼 수 있다.

고분산분광기(BOES)　　가시광 CCD카메라　　적외선카메라(KASINICS)

1.8m 망원경의 관측장비

고분산분광기, 가시광 CCD카메라, 적외선카메라 등 세 종류의 장비로 관측하고 있습니다. 육안으로 별을 보려면 기존의 관측장비를 떼어내고 육안 관측이 가능한 장비를 새로 붙여야 하는데, 이런 작업은 보통 한나절이 걸리는 일이라 그날 관측은 포기해야 합니다. 그러다 보니 연구용 망원경은 맨눈으로 별을 보기가 쉽지 않습니다.

실제로 관측자는 창문도 없는 1층의 관측실에서 밤을 새우곤 합니다. 망원경은 4층에 있습니다. 간혹 영화나 드라마에서 등장하는 천체관측용 망원경 옆에서 번쩍이는 계기판을 조작하는 장면은 실제 관측에서는 볼 수 없습니다. 장비 점검이나 관측 시작 전에 관측 준비를 위해 망원경 옆에서 구동하는 시스템을 갖추고 있기는 하지만, 실제 관측은 창문도 없는 관측실에서 모두 이루어집니다.

이러다 보니 천문학자는 마음껏 별을 즐기지 못합니다. 다른 과학 분야와 마찬가지로 어렵고 지루한 과정을 거쳐야 하며, 단순히 별을 보기만 하는 낭만적인 학문만은 아닙니다. 하지만 갈수록 배우는 즐거움을 느낄 수 있는 학문임은 틀림없습니다.

🪐 천문학은 어떤 학문일까?

천문학은 관측을 통한 발견의 학문입니다. 천문학은 다른 자연과학 분야와 달리 실험을 할 수 없습니다. 별이나 은하, 아니면 혜성을 만들어보는 실험은 모두 지구에서 할 수 없는 것들입니다. 하지만 우주의 탄생 이후 벌어진 수많은 실험의 결과가 현재 우리가 바라보는 우주이며, 이런 결과를 천체망원경으로 관측하여 거꾸로 어떤 실험의 결과인지 알아나가는 학문이 바로 천문학인 것입니다.

그래서 새로운 발견은 우주를 이해하는 중요한 요소이며, 이런 발견으로 노벨상을 받기도 합니다. 사실 발견한 정보가 진짜 새로운 발견인지 이해하는 것 자체도 어려운 일입니다. 아무리 많은 관측을 한다 한들 그게 무슨 의미 있는 내용인지를 정확히 알아야 하기에 천문학자들은 지금도 끊임없이 연구하고 있습니다.

천문학은 창의력을 필요로 하는 도전적인 학문이기도 합니다. 우주의 수많은 실험 결과를 이해하기 위해서는 창의적인 생각과 아이디어가 무엇보다 중요합니다. 한국천문연구원의 미션은 '우리는 우주의 근원적 의문에 과학으로 답한다'입니다. 과학과 기술에 대한 동경심을 유발하고,

새로운 과학 기술 발전 분야의 모티브를 제공해주는 것이 천문학을 포함한 자연과학의 역할입니다.

지금 중력파를 찾아내고, 블랙홀을 영상으로 찍어서 보여주는 게 미래에 어떤 영향을 줄지는 알 수 없습니다. 그러나 천문학자들은 개의치 않고 그러한 새로운 것을 끊임없이 찾아내고 연구합니다. 우주로 진출하고자 하는 인간의 욕망을 발판 삼아 가능성을 키우는 중요한 밑거름으로서, 천문학은 우주과학과 밀접한 관련성을 가지고 있는 학문 분야입니다.

한편으로는 마음의 여유와 생활의 활력을 얻을 수 있는 문학과도 같은 학문이기도 합니다. 머나먼 아프리카나 안데스산맥의 오지에 개기일식을 보기 위한 목적으로 전 세계에서 많은 이들이 몰려가곤 합니다. 오로라를 보기 위해 캐나다 극지방이나 아이슬란드 구석까지 찾아갑니다. 멋진 은하수 사진을 담고자 호주나 칠레의 밤하늘을 찾는 이들도 점점 늘고 있습니다.

40여 년 전, 소백산 천문대의 밤하늘을 화려하게 수놓은 은하수를 바라보던 중에 갑자기 은하수가 지상으로 뚝 떨어질 것 같은 두려움을 느낀 적이 있었습니다. 당시에는 화려

한국천문연구원 전경

칠레 세로토롤로천문대(CTIO)에 있는 한국 외계행성 탐색시스템(KMTNet)의 1.6m 망원경돔과 함께 찍은 은하수

한 은하수를 우리나라의 시골 마을에서도 맨눈으로 쉽게 볼 수 있었던 시절이었습니다. 그러나 지금은 칠레의 세계 최고 천문대에서도 보기 힘든 장면이 되다 보니 사람들이 그 모습을 보기 위해 세계 곳곳을 찾아다니고 있습니다.

언젠가 보현산천문대에 관측하러 온 대학원 학생이 하늘에 뜬 구름 같은 뿌연 모습을 보고 저에게 그것이 무엇인지 물어본 일이 있었습니다. 은하수였습니다. 천문학 전공자가 은하수를 그날 처음 보았던 것이었습니다. 우리나라는 시골 마을조차 가로등이 밝아서 점점 별을 보기 어려운 환경이 되다 보니 맨눈으로 은하수를 볼 수 있는 기회가 점차 사라지고 있는 것입니다.

🪐 천문학은 참 재미있다?

여러분은 과학을 접하면서 그 원리나 이론적 바탕을 알아야 한다는 강

보현산천문대에서 촬영한 달과 함께한 일주운동

박에 잡혀 있지는 않나요? 화려한 춤을 추는 오로라를 바라보며 그 원
리를 모두 이해할 필요가 과연 있을까요? 단지, 태양 폭풍이 예보되면
며칠 후 오로라가 발생할 수 있다는 정도만 알아도 되지는 않을까요? 제
생각에는 과학의 모든 원리를 이해하려고 애쓰기보다는 과학 현상을 즐
길 수 있는 문화를 이해하면 좋을 것 같습니다.

　천문대에서도 마찬가지입니다. 이곳을 찾은 아이들에게 별과 은하와
우주를 차근히 설명하는 것보다 망원경으로 달과 토성을 한 번쯤 보여
주면 훨씬 큰 감동을 받습니다.

　연구를 위한 천문대는 대부분 사람이 많이 살지 않는 곳에 자리하고

칠레의 2,500m 고지인 산 페드로 데 아타카마에서 바라본 별자리

있습니다. 그러다 보니 국내뿐 아니라 해외의 천문대를 탐방할 때도 일반인들은 잘 가지 않는 오지를 찾게 됩니다. 보통 천문대는 1,000m 이상의 고지에 있는데, 간혹 해발 5,000m가 넘는 곳에 자리한 천문대도 있습니다.

천문대는 우주를 보고, 이해하며, 우주로 나가는 문을 열어주는 곳입니다. 지상에서는 현재 25m, 30m, 39m 등의 대형 망원경을 건설하고 있으며, 이미 8m, 10m 크기의 망원경이 20여 기 이상 가동

중입니다. 이 밖에도 여러 우주망원경이 지구를 돌면서 과거엔 상상조차 못 했던 천체의 근원에 다가설 수 있도록 많은 정보를 계속 제공하고 있습니다.

우리나라의 천문대는 광학 분야에 1.8m 망원경을 가진 보현산천문대, 0.6m 망원경의 소백산천문대, 원격관측으로 운영되는 1m 망원경의 레몬산천문대, 1.6m 망원경 세 대를 칠레·호주·남아프리카공화국에 건설하여 24시간 끊이지 않고 중력렌즈 현상을 관측해 외계행성을 찾고 있는 한국 외계행성 탐색시스템(KMTNet)이 있습니다.

또한 자동으로 작동하는 OWL(Optical Wide-field patroL, 우주물체 전자광학 감시)망원경을 보현산천문대와 미국, 이스라엘, 모로코, 몽골 등에 건설하여 움직이는 천체를 관측하고 있습니다. 이들 외에 미국

25m 거대마젤란망원경 상상도. 망원경 앞에 선 사람과 비교해보면 그 엄청난 크기를 가늠할 수 있다.

의 8m 제미니(GEMINI)망원경 운영에 공동으로 참여하고 있으며, 25m 거대마젤란망원경(Giant Magellan Telescope; GMT) 건설에 참여하고 있습니다.

그 밖에도 제임스클러크맥스웰망원경(James Clerk Maxwell Telescope; JCMT), 아타카마대형밀리미터집합체(Atacama Large Millimeter Array; ALMA) 등 세계 최고의 전파망원경 운영에도 참여하는 등 지금도 국내 천문학자들은 활발히 연구를 진행 중입니다.

최첨단 과학 기술을 필요로 하는 천문학

우주는 멀리 볼수록 그만큼 더 오랜 과거를 볼 수 있습니다. 즉, 1억 광년 거리의 천체는 1억 년 전 천체이며, 10억 광년 거리의 천체는 10억 년 전 천체의 모습입니다. 더 멀리 130억 광년 거리의 천체를 찾아내면 거의

우주 초기의 모습을 보는 셈이 됩니다.

이렇게 더 과거의 천체를 보기 위해서 망원경의 크기는 점점 커지고, 관측장비는 점점 더 새롭고 정밀해지고 있습니다. 이미 우주로 올라갔어야 할 6.5m 제임스웹우주망원경(James E. Webb Space Telescope; JWST)이 현재 발사를 기다리고 있고, 지상에는 이에 대응하여 25m, 30m, 39m 거대 망원경을 건설하고 있습니다.

이런 지상의 망원경들은 관측 과정에서 필연적으로 대기의 움직임을 보정해주어야 하는데, 이에 적응광학 기술이 발전하게 되었습니다. 또한 관측하는 동안 기온이나 대기의 변화를 보정해주는 능동광학 기술도 어느새 보편화되어 쓰이고 있습니다.

한편 주로 오지의 높은 고산지대에 위치한 천문대에 데이터를 옮기기 위해선 현재의 인터넷망보다 훨씬 빠른 전용선을 새로 설치해야 합니다. 이렇듯 천문학은 의외로 최첨단의 과학 기술을 필요로 하는 학문이기도 합니다.

🪐 천체망원경의 역할

천체망원경의 성능은 빛을 모으는 능력, 즉 집광력에 의해 결정됩니다. 천체에서 나오는 빛은 우주로 퍼집니다. 이를 중간에서 막거나 가리는 게 없으면 그냥 방사상으로 무한히 퍼져나갑니다. 천체망원경은 이 빛을 다시 모으는 역할을 하는데, 빛을 많이 모을수록 더 먼 우주를 볼 수 있고, 더 오래된 과거를 이해할 수 있게 됩니다.

　천체망원경은 볼록 렌즈나 오목한 반사 거울을 이용해 빛을 모을 수 있습니다. 그런데 망원경이 커질수록 볼록 렌즈는 가운데 부분이 두꺼워지고 무거워지는데, 이때 렌즈를 고정할 수 있는 위치는 가장자리뿐입니다. 그렇게 되면 미세한 뒤틀림을 보정하기가 어렵기에 크기가 큰 망원경은 모두 반사 거울을 사용합니다. 반사 거울은 뒷면에서 정밀하게 무게를 받쳐주면 아주 커다란 망원경도 만들 수 있습니다. 요즘은 단일 거울이 아닌 수십 개에서 수백 개의 거울을 붙여서 하나의 거울처럼 만들기도 합니다. 이렇게 만든 망원경은 수평 이하로 내릴 수 없기 때문에 높은 산 위의 천체망원경은 지상의 물체를 볼 수 없습니다.

　천체망원경의 다른 중요한 성능 중에는 천체의 자세한 구조를 볼 수 있는 분해능이 있습니다. 이 능력도 거울이 클수록 높아집니다. 하지만 거울의 가공 정밀도와 망원경의 추적 성능 등 여러 요소가 추가되어야 하기에 단순히 크기만 해서는 큰 의미가 없습니다.

　보통 망원경 성능을 물을 때 '이 망원경은 몇 배까지 볼 수 있냐'

호주 사이딩스프링천문대에 있는 KMTNet 망원경 일주운동. 약 다섯 시간 촬영한 결과물이다.

는 질문을 많이 합니다. 하지만 천체망원경에서 배율은 그다지 중요하게 여겨지지 않습니다. 빛을 많이 모으거나 분해능이 좋으면 배율을 그만큼 더 높일 수 있기 때문입니다. 이렇듯 빛을 모으는 능력과 천체를 분해하는 능력이 망원경의 가장 중요한 성능입니다.

🪐 지상의 망원경이 가지는 문제

현재 지상에 여러 거대 망원경을 만드는 한편, 우주에도 계속해서 망원경을 올려 보내고 있습니다. 지상망원경으로는 관측이 힘든 부분이 있어서 우주망원경을 보내고 있는 것일 텐데, 그렇다면 어떤 이유 때문일까요? 그 답은 바로 지구의 대기에 있습니다.

지구의 대기에선 빛의 흡수가 일어나고, 별상이 흔들려서 퍼져 보입니다. 그래서 지상에서는 볼 수 있는 빛의 범위에 제약이 있고, 퍼진 별상 때문에 천체를 정밀하게 보는 데 지장이 있습니다.

빛은 감마선과 같이 파장이 아주 짧은 것부터 전파처럼 아주 긴 파장까지 모두를 포함합니다. 태양은 에너지 대

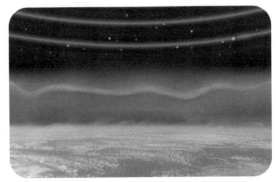

대기가 없는 우주에서 균질하게 오던 별빛이 대기를 통과하면서 요동쳐 흔들려 보인다. 이것이 별이 반짝이는 이유이다.

부분을 사람 눈이 가장 잘 반응하는 가시광 파장으로 내보냅니다. 그렇다고 태양의 모든 에너지가 가시광에서 나오는 것은 아닙니다. 감마선, X선, 전파, 적외선 등 모든 파장을 약하게나마 다 내보내고 있습니다.

그런데 지상에서는 우주에서 오는 모든 빛이 대기를 통과해야만 볼 수 있습니다. 하지만 가시광과 전파를 제외하면 대부분 대기가 흡수해버리기에 지상의 망원경은 가시광을 보는 광학망원경과 전파를 보는 전파망원경만 사용할 수 있습니다.

광학망원경은 지상에서 약간의 적외선 영역을 볼 수 있고, 전파망원경은 보다 짧은 약간의 영역을 볼 수 있습니다. 하지만 지구를 벗어나 우주로 나가면 대기의 영향을 받지 않기 때문에 우리가 아는 감마선부터 전파까지 빛의 모든 파장 영역을 다 볼 수 있습니다. 그래서 많은 우주망원경을 우주로 보내 연구하고 있는 것입니다. 하지만 우주에 큰 망원경을 올리는 일에는 아직 제약이 많습니다.

지상에서는 우주망원경보다 훨씬 큰 망원경을 만들 수 있습니다. 그러나 지상망원경은 아무리 날씨가 좋아도 대기에 의해 빛이 흔들려서 반짝거리는 문제가 발생합니다. 별빛이 흔들리면 별은 퍼져서 보이고, 그러면 분해능 또한 떨어집니다.

지상의 좋은 천문대의 최상급 망원경은 조건이 좋으면 0.5초각 정도의 시상을 가집니다. 시상은 사진으로 찍은 별상의 크기를 나타내는데, 곧 분해능을 가늠하는 수치가 되며 그 수가 낮을수록 분해능이 좋습니다. 그런데 우주망원경 중에서 잘 알려진 허블우주망원경은 보통 0.15초각의 시

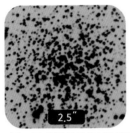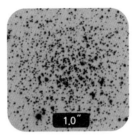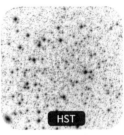

시상 비교. 왼쪽 두 장은 보현산천문대 1.8m 망원경으로 찍은 시상 2.5초각, 1.0초각의 NGC 5466 구상성단의 모습이다. 같은 대상을 허블우주망원경으로 관측한 오른쪽 영상과 비교해보면 시상의 중요성을 한눈에 알 수 있다.

상을 가지며, 최대 시상 0.05초각을 자랑합니다. 지상의 망원경보다 최대 열 배가량 더 좋은 것이죠.

이러한 차이를 해소하기 위해 천문학자들은 적응광학 기술을 개발하게 됩니다. 지상에서 하늘로 레이저를 쏘아 수십 킬로미터 상층의 대기에 가상의 별을 만들고, 그 가상의 별이 흔들려서 퍼지는 모양을 분석하여 대기의 요동을 알아내고 이를 보정해주면, 대기 요동이 없는 아주 좋은 시상의 별 상을 얻을 수 있게 됩니다.

이렇게 얻은 시상은 우주 망원경에 버금가는 것으로, 지상망원경을 더욱 크게 만들고 적응광학 기술을 발전시켜서 이제는 허블우주망원

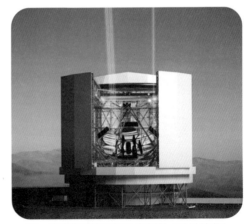

25m 거대마젤란망원경으로 관측하는 모습의 상상도

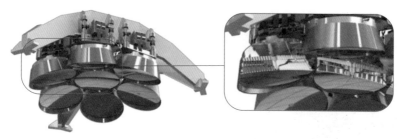

25m 거대마젤란망원경의 적응광학용 부경. 직경 크기가 1.1m이지만 두께가 2mm밖에 안 되는 종잇장 같은 거울이다. 초당 2,000회 이상 보정해야 하기에 아주 얇게 만들었다.

경보다 더 좋은 시상을 얻을 수 있게 되었습니다. 적응광학을 이용하면 8m 제미니망원경은 0.8초각의 시상을 얻을 수 있으며, 25m 거대마젤란 망원경은 0.01초각이라는 허블우주망원경보다도 훨씬 좋은 시상을 기대 할 수 있습니다.

아울러 지상망원경의 성능을 높여주는 능동광학 기술이 있습니다. 이는 거울의 뒷면에 밀고 당길 수 있는 장치를 많이 만들어 붙여서 관 측 도중에 기온이나 습도의 변화, 또는 방향에 따른 거울의 기울기 변

대형망원경 주경을 떠받치는 능동광학계의 모습. 관측 중 주경의 뒷면에서 분당 1, 2회씩 끊임없이 보정 해서 최적의 별상을 관측하도록 해준다.

B

+

V

+

R(Hα)

B+V+R

1.8m 망원경으로 찍은 말머리성운. 대표적인 암흑성운으로
뒤쪽의 밝은 발광성운을 가려서 검게 보인다.

화 등으로 인한 영향을 보
정해주는 기술입니다. 항
상 최적의 초점이 맺힐 수
있도록 보통 분당 1회 정도
보정합니다. 반면에 적응광
학은 초당 수천 번 이상 보
정합니다. 이러한 기술은
오래전부터 개발되었으나
슈퍼컴퓨터의 발전과 함께
완성된 기술입니다.

　참고로 화려한 빛깔의 천체를 촬영한 컬러사진은 대부분 필터를 이용
해서 촬영한 것입니다. 빛의 삼원색인 파랑, 초록, 빨강 각각의 파장 대역
을 투과하는 필터를 이용해 세 장의 흑백사진을 찍은 뒤 이를 합쳐서 다
시 색을 조합해 만들면 더욱 선명한 색상을 얻을 수 있습니다.

🪐 천문학은 진짜 재미있다!

밤하늘의 별을 바라보는 것은 많은 사람이 꿈꾸는 즐거움 중 하나일 것
입니다. 그러다 보니 전공자가 아니더라도 이를 즐기는 아마추어 학자들
의 활동이 활발한 분야가 천문학이기도 합니다.

　천문학을 전공하고 보현산에서 28년을 보내고 난 지금의 저는, 시간

이 흐를수록 이 분야를 공부해서 참으로 행복하다는 생각을 많이 하게 됩니다. 처음 공부하던 시절에 중력파 이야기를 들었을 때는 막연한 상상만으로도 즐거워했었는데, 이젠 실제로 중력파를 측정해 블랙홀과

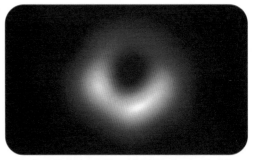

M87 외부은하의 중심에 있는 거대 블랙홀의 모습. 전 세계에 흩어진 전파망원경을 모아서 하나의 망원경처럼 만들어서 지구 크기의 망원경이 갖는 분해능으로 찍었다.

중성자성을 논하는 시간을 보내고 있습니다.

그뿐이 아닙니다. 전 지구에 흩어진 전파망원경을 모아서 지구 크기의 전파망원경을 만들어 거대 블랙홀의 모습을 직접 관측하여 영상으로 남길 수 있게 되었습니다. 현재 외계행성은 4,000개 이상 발견했고, 외계행성 주변을 도는 위성도 찾았습니다. 이제는 행성의 대기를 연구하는 중이며, 머지 않아 외계생명체에 대한 보다 많은 자료를 얻을 수 있을 것입니다.

그래도 여전히 천문학은 새롭게 도전할 주제와 발견들이 많이 남아 있는 학문입니다. 조만간 25m 거대마젤란

155mm 굴절망원경으로 찍은 IC1396 성운. 5일에 걸쳐 찍은 사진을 모두 모아서 만들었다.

망원경이 완성되면 현재 천문학을 배우는 연구자들은 상상만으로도 즐거운 연구 기회를 더 많이 가질 수 있게 될 것입니다. 점점 더 거대해질 망원경들을 통해 얼마나 더 머나먼 별을 볼 수 있게 될지, 우리가 모르는 새로운 세계를 만나게 될지 기대만으로도 즐겁습니다.

전영범

천문학자이자 천체사진가. 부산대학교에서 물리학을 공부했고 서울대학교 대학원(천문학 전공)에서 「구상성단의 단주기 변광성 탐사 연구」로 박사 학위를 받았다. 해발 1,124미터 보현산 정상에 천문대가 건설되던 1992년부터 지금까지 보현산천문대에서 근무하고 있다. 보현산천문대 대장을 역임했고 현재 한국천문연구원 책임연구원으로, 변광 천체 탐색 연구를 하고 있다. 한국천문연구원의 홍보 및 교육용 천체 사진 대부분을 촬영했으며, 보현산과 외국의 유명 천문대에서 찍은 천체와 풍경 사진을 전시한 개인 초대전 <하늘과 땅, 그 속의 우리>를 열었다. 저서로는 『천문대의 시간 천문학자의 하늘』이 있다.

04

은하수는
어디로 갔을까?

은하수는 순우리말로 '미리내'라고 부릅니다. 이는 용을 뜻하는 '미르'와 강물을 뜻하는 '내'가 합쳐진 말입니다. 우리 국민의 90%는 빛공해로 인해 은하수를 전혀 볼수 없는 곳에 살고 있습니다. 빛공해 가운데 아마추어 천문가들에게 가장 문제가되는 것은 하늘이 밝아지는 산란광입니다. 산란광 혹은 하늘 밝아짐은 과다한 인공조명뿐만이 아니라 전등갓을 씌우지 않아 더 심화되었습니다. 은하수는 언제 어디서 어떻게 하면 볼 수 있을까요? 은하수를 되찾기 위해 빛공해를 줄이기 위한 우리가 할 수 있는 노력에는 어떤 것이 있을까요?

이경훈

🪐 은하수를 찾아서

1982년 여름, 군대를 같이 제대한 친구들과 함께 '단양 팔경' 가운데 하나로 꼽히는 중선암으로 캠핑을 떠났습니다. 밤늦도록 기타를 치며 노래를 부르다가 지친 우리는 넓은 바위 위에 누워 밤하늘을 바라보았습니다. 남북으로 길게 뻗은 계곡 위로 직녀성(베가)과 견우성(알타이르), 데네브 등 여름철 별자리들과 은하수가 밤하늘을 가득 메우고 있었습니다. 한여름 밤하늘을 수놓은 그 수많은 별을 바라보다가 흡사 밤하늘의 한 자락이 뚝 하고 떨어질 것만 같은 무서움을 느낀 우리는 약속이나 한 듯이 텐트 속으로 급히 들어와 그대로 잠이 들어버렸습니다.

그날 보았던 그 엄청난 밤하늘을 지금껏 잊지 못합니다. 그런 밤하늘과 은하수를 지금은 우리나라 어디를 가도 보기 어려워진 것이 너무나 안타깝습니다. 저는 어렸을 적 〈푸른 하늘 은하수〉 노래를 부르며 은하수를 바라보던 기억이 있지만, 요즘 아이들은 은하수를 사진으로만 봤을 뿐 은하수라는 이름조차 모르는 아이들도 많습니다. 여름 밤하늘을 가로지르던 그 아름답던 은하수, 미리내의 모습을 지금은 거의 볼 수가 없습니다. 우리의 은하수는 어디로 갔을까요?

은하수(銀河水)를 순우리말로 '미리내'라고 부르는데, 이는 제주도 사투리라고 합니다. 용을 뜻하는 '미르'와 강물을 뜻하는 '내'가 합쳐진 단어로, 아마도 밤하늘을 아름답게 흐르는 은하수 강물 속에 용이 산다고 믿었던 모양입니다.

서양에서 은하수는 헤라클레스의 탄생 신화에서 비롯되었습니다. '헤라의 영광'이란 뜻의 헤라클레스는 제우스와 알크메네 사이에서 태어난 아들로, 그리스 신화 속 최고의 영웅입니다.

헤라의 젖이 은하수가 되다_루벤스, 〈은하수의 기원〉

헤라는 의붓자식인 헤라클레스를 없애려고 그의 어머니 알크메네가 출산할 때부터 방해 공작을 펼쳤습니다. 그러나 제우스는 헤라의 젖을 갓난아기 헤라클레스에게 물린다면, 그가 신성을 얻을 뿐만 아니라 헤라의 모성애를 부추겨 미움도 덜 받으리라 생각했습니다. 이에 제우스는 헤라가 잠들었을 때 몰래 헤라클레스에게 헤라의 젖을 물렸습니다. 그런데 헤라클레스가 젖을 너무 세게 빠는 바람에 깜짝 놀란 헤라가 그를 밀쳐내면서 뿜어져 나온 젖이 하늘에 뿌려져 은하수(milky way)가 되었다고 전해집니다.

🪐 은하수의 실체

은하수가 우유가 흐르는 강이 아니라 별들이 모여 있는 은하라는 사실은 1609년에 갈릴레이가 본인이 만든 망원경으로 최초로 알아냈습니다.

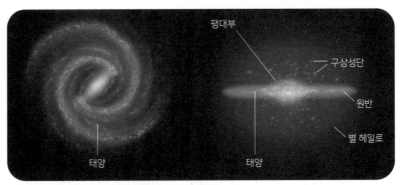

팽대부

구상성단

원반

별 헤일로

태양

태양

위에서 본 우리은하의 모습(왼쪽)과 옆에서 본 모습

영국의 천문학자 윌리엄 허셜(William Herschel)은 태양이 중심에 있는 우주(우리은하) 모양을 제안했으며, 미국의 천문학자 할로 섀플리(Harlow Shapley)는 구상성단의 분포를 관측해 우리은하는 약 10만 광년 크기의 납작한 원반 모양이라는 사실을 밝혀냈습니다.

밤하늘을 둥글게 둘러싸고 있는 은하수는, 우리은하의 중심에서 3만 광년 떨어진 곳에 위치한 태양계의 지구에서 우리은하를 바라본 모습입니다. 지구의 위치에서 바라보았을 때 우리은하는 천구를 아치형으로 가로지르는 흰빛의 흐릿한 띠 형태로 보입니다.

우주에는 수천억 개의 은하가 존재합니다. 태양계가 속해 있는 우리은하도 그중 하나일 뿐입니다. 지구중심설(천동설)이 지배하던 중세까지 우주의 중심은 지구였습니다. 코페르니쿠스가 태양중심설(지동설)을 주창하고 갈릴레이 이후 여러 과학자들에 의해 태양중심설이 받아들여진 이후에야 우주의 중심이 지구에서 태양으로 옮겨갔습니다.

20세기 초반, 천문학자들에 의해 우리은하의 모습과 크기가 밝혀진 이후에 태양은 우주의 중심에서 물러나게 됩니다. 10만 광년의 지름을 가진 우리은하 중심에서 태양은 약 3만 광년이나 떨어진 나선팔(spiral arm)에 위치한다는 사실을 알게 된 것입니다. 미국의 천문학자 에드윈 허블(Edwin Powell Hubble)이 외부은하의 존재와 우주의 팽창을 밝히고 난 뒤, 우주에는 특별한 중심이 없고 우리은하는 우주에 존재하는 수천억 개 은하 중 아주 작은 하나에 불과하다는 사실을 알게 되었습니다.

은하수는 지구를 둥글게 둘러싸고 있어 우리는 일 년 내내 은하수를 볼 수 있습니다. 그중에서도 은하수를 가장 잘 볼 수 있는 계절은 여름철입니다. 가장 많은 별이 모여 있는 은하수의 중심이 여름철 별자리인 궁수자리 부근에 있어 여름철 은하수가 가장 밝고 화려하게 보이는 것입니다. 물론 겨울철에도 희미하게나마 은하수를 볼 수 있습니다.

여름철에 은하수를 찾기 위해서는 여름철 대표 별자리들을 잘 알고 있어야 합니다. 궁수자리와 전갈자리 사이에서 제일 밝게 빛나는 은하수는 거문고자리 직녀성과 독수리자리 견우성 사이를 지나 백조자리를 향해 뻗은 후 카시오페

은하수 파노라마 중심인 궁수자리

태양계

궁수자리에서 은하수 중심이 보이는 이유

울산바위 위쪽으로 여름 밤하늘을 가득 채운 은하수와 목성

이아자리를 향하고 있습니다. 이들 여름철 별자리를 찾으면 은하수를 쉽게 찾을 수 있습니다. 올해 여름에는 은하수를 찾아서 한번 떠나보세요.

🪐 은하수를 삼켜버린 빛공해

현재 전 인류의 80%가 빛공해의 영향을 받고 있는데, 이는 다시 말해 전 인류의 2/3가 넘는 이들이 은하수를 볼 수 없음을 뜻합니다. 현재 유럽의 60%와 북미의 80%에 해당하는 인구가 은하수를 볼 수 없는 곳에서 살고 있다고 합니다.

우리나라도 국토 면적 가운데 약 90%가 빛공해에 노출되어 있다고 합니다. 세계 주요 20개국(G20) 가운데 이탈리아(90.4%)에 이어 두 번째였다가, 2019년 VIIRS(Visible Infrared Imaging Radiometer Suite, 가시 적외

빛공해 세계지도

선 이미지 방사계 장비) 자료에 따르면 G20 국가 중 가장 높다고 합니다. 우리나라 국민의 90%가 도시 지역에 살고 있는 데다 산업화와 도시 집중화로 인한 인공조명이 밤하늘을 밝혀 더 이상 많은 별과 은하수를 볼 수 없게 만든 것입니다. 빛공해가 은하수를 삼켜버린 것이죠.

🪐 빛공해의 현실

야외에 설치된 인공조명은 인간의 야간 활동 시에 안전한 환경을 제공하는 목적으로 설치되었습니다. 40만 년 전 인류가 불을 발견한 이후 시작된 조명의 역사는 오랫동안 횃불로 어두운 밤길을 밝히다가, 1790년경 가스램프가 거리를 밝히는 조명으로 등장한 이후 에디슨의 형광등을 거쳐 지금까지 다양한 형태의 발전을 이뤄왔습니다. 수은등과 나트륨등으로 대표되던 도시의 조명이 현재는 LED등으로 바뀌고 있는데, 아직은 보급이 미흡한 상태입니다.

빅뱅
138억 년 전

태양
50억 년 전

불
40만 년 전

가스램프
1790년경

양초
2,500년 전

고대 램프
15,000년 전

백열전구
1800년경

형광등
1850년경

플래시전구
1930년

OLED
2002년

LED전구
1965년

저압
나트륨램프
1933년

조명의 역사

혹시 여러분은 은하수를 직접 본 적이 있나요? 있다면 언제 어디에서 보았나요? 도시에서는 과다한 야외 조명에 의한 빛공해 때문에 은하수를 보기가 거의 불가능합니다. 도시에 사는 사람이 은하수를 보려면 차를 타고 적어도 한두 시간 걸리는 외곽의 빛공해가 적은 어두운 곳으로 가야만 합니다(빛공해가 적은 어두운 곳을 찾는 데 도움이 되는 웹사이트로 darksitefinder. com이나 lightpollutionmap.info

를 이용할 수 있습니다).

2013년 '인공조명에 의한 빛공해 방지법'이 만들어진 뒤로 몇 년에 걸쳐 법 일부가 개정된 후 2020년 5월 27일부터 빛공해방지법 시행령이 시행되었습니다. 이 법에 따르면, 연직면에 비치는 가로등 등 인공조명의 밝기가 10룩스(Lux)를 넘으면 빛공해로 간주하고 있습니다.

조명이 의도한 영역을 넘어 타인에게 피해를 입히는 것을 침입광(light trespass)이라 하는데, 주변 이웃과의 마찰을 일으키는 원인이 되기도 합

니다. 계획 없이 부주의하게 설치된 가로
등이나 옥외 조명의 누출광도 동물과 식
물의 생체 리듬 및 생태 환경을 교란하기
도 합니다. 이외에 하늘 밝아짐 혹은 산
란광, 군집된 빛, 눈부심 등을 기타 빛공
해로 분류하고 있습니다.

산란광(skyglow), 즉 하늘 밝아짐 현상
은 인공조명의 불빛이 대기 중의 수증기
나 안개, 오염 물질 등에 의해 굴절 및 산
란되어 밤하늘을 밝게 하는 현상을 말합
니다. 이로 인해 천체 관측 장애, 식물 성
장 방해 및 수면 장애와 철새 이동 방해
가 일어나며 지구 온난화에 영향을 미치
기도 합니다.

군집된 빛(light clutter)은 한 장소에 과
도하게 모여 있는 빛의 집단을 말합니다.
불법적인 고휘도의 광고판이나 대도시의

빛공해의 유형들(위에서부터 순서대로 침
입광, 하늘 밝아짐 혹은 산란광, 군집된 빛,
눈부심)

상업지역 조명들이 이에 해당합니다. 이는 시각적 혼란과 불쾌감을 유발
해 보행 중 사고나 교통사고를 유발하기도 합니다.

눈부심(glare) 현상은 자동차 전조등이나 옥외 광고물 등의 강렬한 빛
이 시야에 직접 들어와 순간적인 시각 마비 및 시각적 불쾌감을 일으키

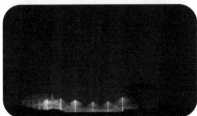

조명에 따라 달리 보이는 밤하늘

는 현상입니다. 이외에도 만성피로와 교통사고 유발 및 로드킬을 일으키는 원인이 되기도 합니다.

밤하늘의 별을 사랑하는 아마추어 천문가들에게 빛공해란 대기 오염과 인공조명 때문에 시야에서 별이 사라지는 현상을 주로 말합니다. 도시의 과다한 빛이 밤하늘에 산란되어 넓은 범위의 밤하늘이 밝아지는 산란광 혹은 하늘 밝아짐은 과다한 인공조명뿐만이 아니라 전등갓을 씌우지 않음으로써 더 심화되었습니다. 전등갓을 씌우지 않은 전등 불빛은 하늘 높이 영향을 미쳐 별을 볼 수 없게 만듭니다. 전등갓 없이 천장까지 빛이 퍼지는 조명은 전등갓이 있는 조명에 비해 그 빛의 양이 무려 아홉 배나 많습니다.

요컨대 가로등에 전등갓을 씌우거나 불필요한 전등의 수를 줄이면 더 많은 별을 볼 수 있습니다. 타이머를 이용해 일정 시각 이후 조명을 끌 수 있다면 더 많은 곳에서 은하수

를 볼 수 있을 것입니다. 필요 없는 곳
에서 빛을 줄이고 필요한 곳에서 빛을
올바르게 사용하도록 하는 것이 현명
한 빛 사용법이 될 것입니다.

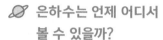 은하수는 언제 어디서
볼 수 있을까?

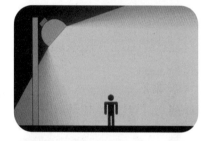

은하수를 보기 위해서는 우선 빛공해
가 없는 곳으로 찾아가야만 합니다.
그러나 빛공해가 없는 지역이라 하더
라도 보름달이 떠서 밝게 비추는 시기
에 간다면 은하수를 보기 어려울 것입
니다. 은하수를 보기 위한 조건으로는
다음과 같은 것들이 있습니다.

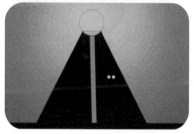

(위부터) 좋은 조명, 나쁜 조명, 최악의 조명

첫째, 주변에 빛공해가 적어야 합니
다. 빛공해의 정도에 따라 은하수가 어떻게 보이는가를 나타낸 척도가
있는데 이를 보틀 척도(Bortle scale)라고 합니다.

우리나라 대부분의 도시 지역은 8~9등급으로, 은하수는커녕 아주 밝
은 1~2등성을 제외하고는 별을 거의 볼 수 없는 지경입니다. 서해 일부
섬 지역을 제외하고는 가장 어두운 곳이 보틀 3등급 정도입니다. 이런 환

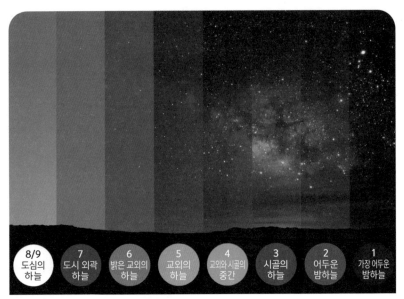

| 8/9 도심의 하늘 | 7 도시 외곽 하늘 | 6 밝은 교외의 하늘 | 5 교외의 하늘 | 4 교외와 시골의 중간 | 3 시골의 하늘 | 2 어두운 밤하늘 | 1 가장 어두운 밤하늘 |

9단계 보틀 척도

경 속에서도 우리나라에서 은하수를 접할 수 있는 대표적인 곳이 국제 밤하늘협회(International Dark—sky Association; IDA)로부터 2015년 10월에 아시아 최초로 국제밤하늘 보호공원으로 지정된 '영양 국제밤하늘 보호공원'이 있습니다. 이외에도 남부에는 경남 합천의 황매산, 북부에는 강원도 속초의 울산바위 등이 대표적인 은하수 명소입니다.

둘째, 일몰·일출 시각과 은하수가 뜨는 시각을 알아야 합니다. 2월 말이 되면 새벽에 해뜨기 전 동쪽에서 떠오르는 은하수를 볼 수 있습니다. 6월에는 일몰 직후 동쪽에서 막 떠오르는 은하수의 아치를 볼 수 있으며, 달이 없는 밤이면 밤새도록 은하수의 모습을 볼 수 있습니다. 해가

진다고 해서 은하수를 바로 볼 수 있는 것은 아닙니다. 일몰 후 한 시간 반가량 박명(薄明)이 지속되기 때문에 이 시간이 지나야만 제대로 된 은하수를 볼 수 있습니다.

박명이란, 일출 전 혹은 일몰 후에 빛이 남아 있는 상태를 말합니다. 일출 전이나 일몰 후 태양이 지평선 아래 6°가량 아래쪽에 위치할 때를 시민박명이라 합니다. 태양이 지평선 아래 6°에서부터 12°까지 위치할 때의 박명을 항해박명, 태양이 지평선 아래 12°에서부터 18°까지 위치할 때를 천문박명이라 하는데 일몰 후 대략 한 시간 반 정도 걸립니다. 천문박명이 끝나야 태양 빛의 영향을 벗어나 비로소 본격적인 밤하늘을 볼 수 있습니다.

셋째, 월령에 따른 달의 출몰 시각을 알아야 합니다. 상현달은 일몰 직후 서쪽 하늘에서 보이다가 자정 무렵에야 집니다. 따라서 이 시기에는 초저녁에 은하수를 보기 어렵고 달이 진 후에야 은하수를 볼 수 있습니다. 반면에 하현달은 자정 무렵에 뜨기에 자정 이후에 은하수를 보기가 어려우므로 달이 뜨기 전에 은하수를 봐야 합니다.

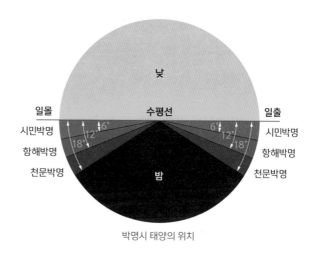

박명시 태양의 위치

여름철 동쪽에서 떠오르는 은하수의 중심부와 아치

넷째, 계절에 따라 은하수의 중심이 뜨는 시각과 방향을 알아야 합니다. 이는 스텔라리움(Stellarium)이라는 애플리케이션을 통해 쉽게 알 수 있습니다. 궁수자리 방향에 있는 은하수의 중심은 남동쪽에서 떠올라 점차 고도가 증가하며, 남쪽 하늘에서 남중한 후 남서쪽으로 기울어져 사라집니다.

🪐 빛공해로 인해 문을 닫은 윌슨산천문대

1985년, 미국 캘리포니아주에 위치한 윌슨산천문대가 폐쇄되었습니다. 주변 도시의 불빛이 급격하게 증가한 탓인데, 1900년 초보다 무려 여섯 배나 밝아져 관측에 큰 영향을 미쳤기 때문입니다. 이후 천문대 관리를

윌슨산천문대에서 바라본 LA 시내

인수한 마운트윌슨연구소가 1990년대 중반부터 다시 일반인에게 개방하며 현재까지 운영되고 있습니다.

1904년 카네기연구소의 후원으로 건립된 윌슨산천문대는 1917년 11월에 지름 100인치짜리 후커망원경을 보유하게 됩니다. 이후 1949년까지 32년 동안 세계에서 가장 큰 망원경의 자리를 차지하게 됩니다.

당시 천문학계에는 대논쟁(Great debates)이라고 불리던 '섀플리–커티스 논쟁'이 있었습니다. 미국의 천문학자 할로 섀플리와 히버 커티스(Heber Curtis)가 우리은하의 크기와 '나선 성운'의 정체에 대해서 벌인 토론입니다. 지금은 외부은하로 알려진 나선 성운의 정체에 관한 논쟁으로, 섀플리는 우리은하(은하수)가 우주 전체라고 보았으며, 나선 성운의 하나인 안드로메다는 단순히 우리은하의 일부라고 주장했습니다. 반면에 커

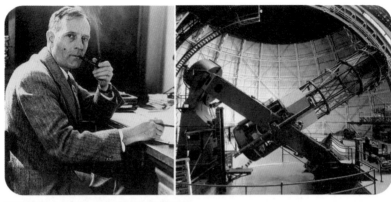

에드윈 허블과 윌슨산천문대 100인치 후커망원경

티스는 안드로메다와 나선 성운들은 우리은하 밖에 존재하는 외부은하, 소위 '섬우주(Island Universe)'라고 주장했습니다.

논쟁이 있은 후 3년 뒤, 에드윈 허블이 안드로메다은하 내부에서 발견한 세페이드 변광성을 관측해 거리를 잰 결과, 그 당시 알려졌던 우리은하의 크기보다 멀리 있는 것이 밝혀져 우주는 우리은하 바깥으로 더 멀리 확장되는 새로운 계기를 맞이하게 되었습니다.

허블이 안드로메다은하까지의 거리를 측정하고 우주팽창을 발견할 때 사용했던 망원경이 바로 윌슨산천문대의 100인치 후커망원경입니다. 지금 우리가 알고 있는 허블우주망원경이 그의 이름을 따서 만들어진 것입니다.

이러한 역사를 가진 윌슨산천문대가 폐쇄된 지 얼마 후, 1988년 미국에서 빛공해로부터 밤하늘을 지키기 위해 국제밤하늘협회(IDA)가 설립

되었습니다.

🪐 국제밤하늘협회

국제밤하늘협회는 빛공해에서 벗어나 어두운 밤하늘을 보호하려는 목적으로 만들어진 비영리 단체입니다. 기술이 발전하고 사람들이 나날이 잘살게 되면서 수질 오염, 공기 오염 등과 더불어 떠오르는 것이 바로 제3의 공해, 빛공해입니다. 우리는 전기와 야간 조명의 혜택을 많이 받으며 살아가고 있지만, 인공 빛들이 우리가 알지 못하는 사이에 공해가 되어 또 다른 많은 것을 빼앗고 있습니다.

국제밤하늘협회는 '불을 끄고 별을 켜자'라는 슬로건을 내걸고 전 세계 곳곳의 어두운 밤하늘과 관련된 장소들을 '국제밤하늘 커뮤니티', '국제밤하늘 보호공원', '국제밤하늘 보호지역', '국제밤하늘 보호성역', '도시밤하늘 장소' 등으로 지정해 밤하늘을 보존하려 노력하고 있습니다.

▶ **국제밤하늘 커뮤니티(International Dark Sky Communities)**

옥외 조명 조례를 채용해 어두운 하늘의 중요성에 대해 알리고 이를 지키기 위한 법적인 노력을 하는, 밤하늘 보호에 뛰어난 헌신을 보여주는 도시와 마을입니다. 미국 애리조나의 플래그스태프(Flagstaff) 같은 도시가 대표적입니다.

▶ 국제밤하늘 보호공원(International Dark Sky Parks)

자연 보호를 위해 지정된 공공 또는 사유의 공간으로, 절제된 옥외 조명을 통해 방문자에게 어두운 밤하늘 프로그램을 제공합니다. 우리나라의 경우 경북의 '영양 국제밤하늘 보호공원'이 이에 해당합니다.

▶ 국제밤하늘 보호지역(International Dark Sky Reserves)

인구가 많은 지역으로 둘러싸여 있지만, 양질의 밤하늘을 볼 수 있는 야행성 환경이 조성된 공유지나 사유지입니다. 이 보호지역은 주변 지역 사회의 협조 및 규제, 장기 계획을 통해서만 보전될 수 있습니다.

▶ 국제밤하늘 보호성역(International Dark Sky Sanctuaries)

일반적으로 도시와 지리적으로 매우 떨어진 곳에 있어 밤하늘이 매우 어둡게 보호되고 있는 장소입니다. 과학적·자연적 나아가 교육적 가치가 뛰어나며, 문화유산 및 공익을 위해 보호되고 있습니다.

▶ 도시밤하늘 장소(Urban Night Sky Places)

도심 공원, 오픈 스페이스 관측 사이트 또는 대도시 근처나 주변에 이와 유사한 시설로, 인공 불빛 속에서 본격적인 야간 체험이 적극적으로 추진되고 있는 곳입니다.

🪐 우리는 밤하늘지킴이

국제밤하늘협회는 빛공해를 줄이기 위해 많은 캠페인을 하고 있습니다. 예컨대 불필요한 전등을 끄고 빛이 하늘로 새어 나가지 않도록 전등갓을 제작해 보급하는 활동을 진행하고 있습니다. 또한 시민을 대상으로 하는 과학운동인 'GLOBE at Night(지구의 밤)'을 통해 세계 빛공해의 실태를 알리기 위한 프로젝트를 펼치고 있습니다.

2006년에 시작된 이 프로젝트는, 세계 각지에서 겨울철 대표 별자리인

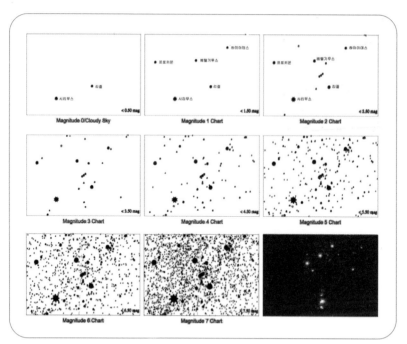

오리온자리 빛공해 7단계 광도 차트

Dark-Skies Rangers 로고

Sky Quality Meter

오리온자리를 관찰해서 보이는 별들 가운데 가장 어두운 별의 등급을 웹사이트에 등록하는 것을 시작으로 합니다. 이를 통해 세계 곳곳의 빛공해 정도를 비교하고 그 심각성을 누구나 알 수 있도록 공개합니다.

오리온자리는 흰색의 리겔과 주황색의 초거성 베텔게우스라는 1등성을 두 개나 가지고 있는 유일한 별자리입니다. 이러한 오리온자리를 전 세계에서 동시에 관측해 하늘 밝기를 7단계로 측정해서 전 세계 빛공해 실태를 한눈에 알아볼 수 있습니다. 지금은 전 세계의 밤하늘지킴이(Dark-Skies Rangers)들이 일 년 내내 계절별 대표 별자리를 통해 빛공해의 정도를 관측 보고하고 있습니다.

GLOBE at Night 운동에 동참하려면 두 가지 방법이 있습니다. 하나는 SQM(Sky Quality Meter)이라는 장비를 이용해 하늘 밝기를 직접 측정하는 것이고, 다른 하나는 아래와 같은 방법으로 오리온자리의 관측을 통해 하늘 밝기를 정하는 방법입니다.

달이 없는 날 해가 지고 나서 한 시간쯤 후(밤 9시~10시경) 밖으로 나가 10분 정도 눈을 가볍게 감고 암적응을 합니다. 그리고는 오리온자리를 찾아서 눈에 보이는 가장 어두운 별이 무엇인지를 7단계 광도 차트와 눈에 보이는 별들을 비교해 등급을 정합니다. 그런 뒤 홈페이지(https://www.globeatnight.org/)의 보고서 양식에 맞춰 확인하고 전 세계 다른 이들이 올린 결과와 비교합니다.

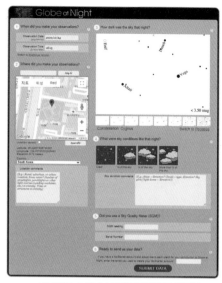

GLOBE at Night 홈페이지의 보고서 양식

우리나라는 2007년에 대전시민천문대와 한국과학영재학교 천문대가 처음으로 참여한 후 지금까지 꾸준하게 동참하고 있습니다. 처음에 이 프로젝트에 참여했을 때 결과 보고서 양식에 North Korea(북한)만 있고 South Korea(남한)는 빠져 있어서 한국과학영재학교 학생들이 본부에 메일을 보내 항의하여 결국 수정되는 에피소드도 있었습니다.

GLOBE at Night 홈페이지에 올라와 있는 관측과 보고 단계는 다음과 같습니다.

1. 캠페인 기간 동안 일몰 후 한 시간 이상이 지난 후(현지 시간 오후 8~10시) 도시 불빛과 가로등의 영향을 적게 받는 장소로 나가세요.

달이 없어야 하므로 초승달인 경우 달이 진 후에 가거나 달이 늦게 뜨는 하현에 나가는 것을 권합니다. 처음 관찰하기 전에 10분 동안 눈이 어둠에 익숙해지도록 가볍게 감고 암적응을 하세요.

2. 스마트폰의 별보기 앱을 이용해 현재 위치에서 별자리를 찾고, 날짜, 시간, 위치(위도·경도) 등을 기록하세요.

3. Globe at Night 보고서 페이지로 들어가 관측한 내용과 측정값을 입력하세요.

4. 스마트폰의 전용 앱(Loss of the Night)을 사용하면 날짜, 시간, 위치(위도·경도)가 자동으로 입력됩니다. 그렇지 않으면 직접 입력하세요.

5. 현재 보고 있는 별자리에서 보이는 것과 가장 가까운 광도 차트를 선택하세요. 하늘에서 볼 수 있는 가장 희미한 별과 광도 차트에서 찾을 수 있는 가장 희미한 별을 찾으면 됩니다.

동네 호수공원의 빛공해

6. 관측할 당시 하늘을 덮고 있는 구름 양을 선택하고, 하늘의 대략적인 상태, 즉 운무가 있는지, 구름의 종류와 이동 방향은 어느 곳인지 등을 간단히 적은 후 자료 제출 버튼을 클릭합니다.

🪐 빛공해를 줄이려면……

어두운 하늘이 지구에서 점차 사라지고 있습니다. 인간의 문명이 시작된 이후 함께 생겨난 인공 불빛은 지금껏 우리의 어두운 밤을 밝혀왔습니다. 그러나 이제 과하게 만들어진 인공 불빛의 대부분이 하늘에 버려지고 있습니다. 이런 빛공해는 에너지 낭비일 뿐 아니라, 명백한 공해입니다.

빛공해를 줄이기 위해서는 우선 빛공해 또한 인류가 당장 줄여야 할 공해라는 대중의 인식 개선이 필요합니다. 그러기 위해선 빛공해에 대한

지방 공단 부근의 빛공해

우리 고장 명승지의 빛공해

연구와 개선 방안이 활발히 논의되어야 할 것입니다. 그 밖에 새로 설치하는 가로등은 빛이 위로 향하지 않는 평면 렌즈형을 설치하거나, 기존의 가로등에 갓을 씌우는 등 당장 실천할 수 있는 공해 저감 방안도 하루빨리 시행되어야 할 것입니다.

이경훈

현재 한국아마추어천문학회 부산지부장을 맡고 있다. 한국교원대학교에서 과학교육 및 천문학교육으로 박사를 취득했다. 한국과학영재학교에서 2002년부터 8년간 지구과학, 일반천문학 및 관측천문학을 강의했으며, 영재학교 부설 천지인천문대를 만들어 천문대장을 역임했다. 천지인천문대는 국내 최초로 8인치 플루오라이트 굴절망원경을 도입했으며, 다수의 국제학술대회 논문 발표 및 국제천문올림피아드 금·은·동메달 수상자를 배출했다. 2010년 부산과학고등학교에 부임해 별샘천문대를 만들고, 미국 키트피크 국립천문대 비지터센터 주망원경과 같은 32인치 RC반사망원경을 도입해 한국 천문교육에 크게 이바지했다. 저서로는 과학고와 영재학교 학생들을 위한 『고급지구과학』, 『지구과학실험』 및 『심화지구과학』 등이 있다.

05

현재는
과거의 열쇠

지구의 나이는 45억 살이 넘었습니다. 이러한 지구를 탐구하는 지구과학은 시간적
으로 우주와 지구의 생성부터 현재, 그리고 미래까지 연구합니다. 공간적으로도 지
구의 중심부터 우주의 경계까지 연구하지요. 그래서 인간이 연구하는 데 한계가 대
단히 많습니다. 그렇기에 지구과학 연구자들은 '현재는 과거의 열쇠'라는 말을 주요
원칙으로 삼아 과거에 어떤 일이 일어났는지를 추론합니다. '현재에 어떤 일이 일어
나고 있는가?'를 살펴보고 현재로부터 과거에 일어났던 일을 밝혀내는 것입니다.

김기상

🪐 지질학자들은 어떤 일을 할까?

여러분은 '과학자' 하면 어떤 이미지가 떠오르나요? 실험실에서 하얀 가운을 입고 약품을 섞고 있는 사람? 첨단 장비와 모니터로 가득한 차가운 공간에서 지구를 정복하겠다며 음모를 꾸미고 있는 누군가? 아니면 알 수 없는 장치들로 가득한 어두운 지하실 같은 곳에서 생명을 탄생시키겠다며 괴물을 만들고 있는 미치광이 과학자?

사람들에게 과학자는 어떤 모습일지를 물어보면 열에 아홉은 위와 같이 대답하거나 '아인슈타인 같은 사람이요!'라고 대답합니다. 하지만 과학자는 생각보다 훨씬 더 다양한 일을 하고 다양한 이미지를 가지고 있습니다.

그중에는 지구과학 분야, 특히 '지질학'을 연구하는 과학자도 있습니다. 흔히 탐험가 모자를 쓴 채 돌 깨는 망치를 들고 야외 탐사를 다니는, 영화에 나오는 인디아나 존스 박사 같은 모습으로 연구를 하고 있습니다.

옆 페이지의 사진은 제가 몇 년 전 몽골 고비사막으로 공룡 탐사를 떠났을 때의 발굴 현장입니다. 깔끔한 과학 실험실의 이미지와는 많이 다르지요? 지질학자와 같은 지구과학자들은 이렇게 편한, 그렇지만 자기 몸을 지킬 수 있는 안전한 복장으로 자연 속의 현장들을 찾아다니면서 연구합니다. 여러분이 생각하는 과학자들의 이미지와 비슷한가요?

지구과학은 우리가 살고 있는 지구와 우주에서 일어나는 자연 현상을 통합적으로 탐구하는 학문입니다. 지구와 우주가 어떻게 탄생했고 어떤

2016년 몽골 고비사막 공룡 탐사 현장

과정을 거쳐 현재에 이르게 되었는지를 밝혀내는 역사적 연구와, 지구에
서 일어났거나 현재 일어나고 있는 현상의 원인이 무엇인지를 밝혀내는
인과적 연구, 이 두 가지로 크게 구분할 수 있습니다.

　지구과학의 학문적 정의와 목적에서 볼 수 있듯이 지구과학의 탐구
대상은 시간적으로는 우주의 탄생부터 현재를 거쳐 미래까지, 공간적으
로는 저 깊은 땅속 지구의 중심에서부터 우주의 경계까지가 해당됩니다.
과거로부터 현재와 미래에 이르는 오랜 시간 동안, 지구의 중심에서부터
팽창하는 우주의 경계까지 거대한 공간에서 발생하는 현상과 과정을 다
루는 학문이지요.

지구과학의 탐구 대상은 기본적으로 다양한 규모에서 발생하고, 여러 과정들이 복합적으로 작용한 결과로 나타납니다. 그래서 지구 환경에 영향을 미칠 수 있는 다양한 과정들을 고려해야 하고, 발생 가능한 사건들을 다각도로 검토해야 하며, 관련 요인과 관계를 고려한 시스템적인 사고가 필요합니다.

또 다른 지구과학의 탐구 대상의 특징은 우리가 볼 수 있는 실질적인 정보가 매우 제한적이고 부분적이라는 것입니다. 우주에서 일어나는 일, 지구 중심부에서 일어나는 일, 화산 폭발이나 태풍과 같은 일 등 지구과학적 현상과 과정은 기본적으로 접근이 어렵습니다.

그리고 운석 충돌이나 화산 폭발과 같이 거대한 규모의 사건이 갑작스럽게 일어나면 상당히 넓은 범위의 공간 내의 모든 것들이 파괴되거나 영향을 받습니다. 비와 바람 등 날씨 현상에 의한 풍화 작용 같은 경우는 오랜 시간 동안 서서히 주변의 흔적들을 지워버리죠. 따라서 지구에서 일어나는 일들의 모든 과정이 지구 환경에 기록되지는 않는 데다가

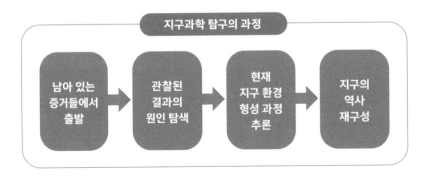

기록된 정보들조차도 운석 충돌이나 화산 폭발과 같은 갑작스러운 사건, 기상 현상이나 풍화·변성 작용 등에 의해 소멸됩니다. 이러한 사건들로 인해 지구의 정보들이 사라지는 경우가 아주 많습니다. 그리고 시간과 규모 등의 문제로 실험실에서 재현하기가 매우 어렵습니다. 그래서 마치 범죄 수사 드라마에서 보는 것처럼 아주 조금 남아 있는 제한적인 증거들로부터 가능한 한 모든 방법과 논리를 동원해 그 당시에 일어났던 일들을 추론하는 것이 지구과학자, 지질학자들이 하는 일입니다.

🪐 지구과학의 논리

이러한 지구과학의 특성 때문에 추론에 이용되는 논리도 과학의 다른 분야와는 조금 다릅니다. 그러면 과학과 지구과학에서는 어떤 논리가 필요할까요? 지금부터 조금 딱딱한 논리 이야기로 들어가 보겠습니다. 하지만 재미있는 이야기이니 잠시 귀 기울여주세요.

추론의 방법들

귀납적(induction) 방법
: 증거들로부터 이를 설명할 수 있는 일반적 이론 도출

연역적(deduction) 방법
: 이미 밝혀진 이론을 개별 현상에 적용시켜 새로운 의미 도출

시작은 가장 기본적인 과학적 추론방법인 귀납법(induction)과 연역법(deduction)으로 시작해볼까 합니다.

먼저 연역법부터 살펴보겠습니다. 연역법에는 대전제라는 것이 있습니다. 절대적인 원리, 절대적인 규칙을 말합니다. 어떤 절대적인 규칙이 있어서 사례가 발견되었을 경우 대전제의 규칙에 따라 결론을 내리게 되는 것이지요.

예를 들어보겠습니다. 연역법을 설명할 때 가장 많이 인용되는 예입니다. 우리는 모든 생명, 사람이라면 언젠가 죽는다는 사실을 알고 있습니다. '모든 사람은 죽는다'는 사실을 대전제, 절대적인 규칙으로 둘 수 있겠지요. 예전에 '악법도 법이다'라는 말로 잘 알려진, 요즘은 '테스형'이라는 애칭(?)으로 더 많이 알려진 소크라테스라는 사람이 있습니다. 이것을 특정한 경우, 하나의 현상으로 두겠습니다. 모든 사람은 죽는다는 대전제, 절대 규칙이 있는데, 소크라테스는 사람입니다. 따라서 소크라테스는 죽는다는 결론을 낼 수 있습니다. 이러한 추론의 방식이 연역법입니다. 하나의 대전제, 절대적인 규칙이 있고 그로부터 결론을 찾아가는 거죠.

[이론/가설]	모든 사람은 죽는다.
[현상]	소크라테스는 사람이다.
[결론]	∴ 소크라테스는 죽는다.

그럼 연습을 한 번 해봅시다. 콩이 들어 있는 어떤 주머니가 있습니다. 그리고 '이 주머니 안의 콩들은 모두 하얗다'는 대전제가 있습니다. 마찬 가지로 이건 절대 변하지 않는 원칙입니다. 이때 어떤 콩이 발견되었는 데, 그 콩은 이 주머니 안에서 나왔다고 합니다. 그렇다면 이 콩은 무슨 색깔일까요? 그렇죠. 대전제가 '이 주머니 안의 콩들은 모두 하얗다'이므 로 그 주머니 안에서 나온 그 콩은 하얗다고 결론을 내릴 수 있습니다. 바로 이것이 연역법입니다.

[이론/가설]	이 주머니 안의 콩들은 모두 하얗다.
[현상]	이 콩은 이 주머니에서 나왔다.
[결론]	∴ 이 콩은 하얗다.

이번엔 귀납법에 대해 이야기해보겠습니다. 귀납법은 연역법과는 다른 방식의 추론법입니다. 연역법은 큰 전제로부터 추론을 이끌어가는 반면, 귀납법은 여러 가지 사례들에서 그들을 관통하는 원칙을 찾아갑니다.

아까의 소크라테스 이야기로 예를 들어보겠습니다. 소크라테스라는 사람은 죽었습니다. 베토벤이라는 사람도 죽었죠. 세종대왕도 죽었습니 다. 이런 현상들이 발견되었다고 하면, 여기에서 어떤 규칙을 찾을 수 있 을까요? 이 사람들은 모두 죽었다는 사실을 공통 규칙으로 찾을 수 있 습니다. 수명과 관계없이 사람들은 모두 죽고, 계속해서 살아가는 사람 은 아직까지 발견되지 않고 있으니까요. 그래서 결론으로 '모든 사람은 죽는다'라는 원칙을 찾아가는 겁니다. 여러 사례들을 보고 여기서 공통적인 어떤 규칙을 찾아가는 것이 귀납법입니다.

[현상]	– 소크라테스는 죽었다.
	– 베토벤도 죽었다.
	– 세종대왕도 죽었다.
	⋮
[결론]	이들은 모두 사람이다.
[이론/가설]	∴ 모든 사람은 죽는다.

자, 그러면 연습을 한 번 해볼까요? 콩이 가득 든 큰 주머니가 하나 있습니다. 그 주머니에서 콩을 하나 꺼냈는데 색깔이 하얗습니다. 두 번째 콩을 또 꺼냈는데 색깔이 하얗습니다. 계속 반복해서 콩을 꺼냈는데, 나오는 콩마다 모두 색깔이 하얗습니다. 이런 현상들이 반복된다면, 여기에서 어떤 규칙을 찾을 수 있을까요? 네, '이 주머니 안의 콩들은 모두 하얗다'라는 규칙을 찾을 수 있습니다. 이것이 바로 귀납법입니다.

🪐 지구과학은 귀추법으로!

과학에서의 연역법은 이미 밝혀진 이론을 개별 현상에 적용시켜서 새로운 의미를 도출하는 방법이라고 할 수 있습니다. 귀납법은 발견된 증거들

[현상]	– 이 주머니에서 꺼낸 이 콩은 하얗다.
	– 이 주머니에서 꺼낸 이 콩도 하얗다.
	– 이 주머니에서 꺼낸 저 콩도 하얗다.
	⋮
[결론]	이 콩들은 모두 하얗다.
[이론/가설]	∴ 이 주머니에서 나오는 콩은 모두 하얗다.

로부터 이를 가장 잘 설명할 수 있는 일반적인 이론을 도출하는 방법이지요. 하지만 지구과학 연구에서는 연역법이나 귀납법을 따르기에는 어려움이 많습니다. 지구과학은 과거로부터 현재, 미래에 이르기까지 오랜 시간 동안, 그리고 전 지구적, 우주 규모로 발생하는 현상과 과정을 다루기 때문에 우리가 찾을 수 있는 정보가 굉장히 제한적입니다. 어떤 현상에 대해 겉으로 드러난 결과만 있고 그 과정에 대한 정보가 사라져버린 경우가 아주 많습니다. 그래서 사례를 찾기도 힘들고, 사례로부터 공통점을 찾기도 힘듭니다. 그래서 지구과학에서는 귀추법을 많이 씁니다.

예를 들면, 어느 날 하얀 콩이 발견되었어요. 아무런 단서도 없이 하얀 콩만 발견이 된 거지요. 그래서 열심히 적용할 수 있는 규칙을 찾아봅니다. 그러다가 '이 주머니에서 나오는 콩이 하얗다더라'라는 규칙을 찾습니다. 그래서 '이 하얀 콩은 이 주머니에서 나왔다'라고 결론을 추정하게 됩니다. 이런 방식으로 원인을 찾아가는 것이 귀추법입니다.

[현상]	하얀 콩이 있다.
[이론/가설]	이 주머니에서 나오는 콩은 하얗다.
[추론]	∴ 하얀 콩은 이 주머니에서 나왔다.

보다 실제적인 사례를 들어보겠습니다. 전 세계적으로 다이아몬드 광산이 가장 많이 발달해 있는 남아프리카공화국의 높은 화산 꼭대기 분화구에서 다이아몬드가 발견되었습니다. 다이아몬드가 어떻게 산꼭대기에서 발견될 수 있었을까요? 화산 분화구에서 발견된 이 다이아몬드는 대체 어디에서 온 것일까요?

[현상]	남아프리카의 화산 분화구에서 다이아몬드가 발견되었다.
[이론/가설]	– 다이아몬드는 탄소로 만들어진다.
	– 탄소는 온도(1,000℃)와 압력(55bar)이 매우 높은 곳에서 다이아몬드가 된다.
[추론]	∴ 이 다이아몬드는 온도와 압력이 높은 땅속 깊은 곳에서 만들어져, 화산이 분출할 때 땅 위로 나왔을 것이다.

다이아몬드는 탄소로 이루어져 있습니다. 석탄, 연필심(흑연), 타고 남은 재와 같은 것이 우리 주변에서 쉽게 찾아볼 수 있는 탄소 물질이죠. 탄소는 굉장히 높은 온도(1,000℃ 이상)에서 엄청나게 높은 압력(55bar 이

상)을 받으면 다이아몬드가 됩니다.

화산 분화구는 마그마가 분출할 당시에는 온도가 높지만 압력이 낮습니다. 지구상에서 자연 상태로 온도와 압력이 동시에 높은 곳은 깊은 땅속뿐입니다. 땅속으로 깊이 들어가면 들어갈수록 온도와 압력은 점점 높아집니다. 땅속 아주 깊은 곳, 거의 맨틀 가까운 어딘가쯤에서야 다이아몬드가 만들어질 수 있습니다. 그리고 땅속 깊은 곳에 있던 물질이 땅위로 나올 수 있는 방법은 보통 화산이 분출할 때 따라서 올라오는 것입니다. 땅속 깊은 곳에 있던 마그마가 어느 약해진 곳을 뚫고 솟아올라 땅 위로 분출하는 것이 화산이지요.

결론적으로 땅속 깊은 곳에서 다이아몬드가 만들어졌는데, 우연히 그 부근에 있는 마그마가 분출해 땅 위로 솟아오르면서 주변에 있던 다이아몬드가 같이 휩쓸려 올라온 것이라고 볼 수 있습니다. 만약에 빠르게 분출되지 않고 아주 천천히 올라왔다면, 다이아몬드는 온도와 압력이 서서히 낮아지면서 흑연으로 변해버렸을 겁니다.

귀추법이란 이렇게 어떤 현상에 대해 설명할 수 있는 원리들을 찾아 이를 근거로 발생 원인을 찾아가는 추론법입니다.

🪐 현재는 과거의 열쇠

이제 실제 사례를 보면서 추론해보겠습니다. 그 전에 꼭 기억해야 할 문구가 하나 있습니다. '현재는 과거의 열쇠(The present is the key to the past)'라는 말입니다. 찰스 라이엘(Charles Lyell, 1797~1875)이라는 영국의 지질학자가 했던 말인데요. 그는 지구의 역사를 다루는 지질학의 원리와 생물 진화의 기초를 확립한 과학자입니다. 그는 『지질학 원리(Principles of Geology)』라는 책에서 제임스 허튼(James Hutton, 1726~1797)이 주장했던 동일과정설(uniformitarianism)을 널리 알리게 됩니다. 허튼의 동일과정설을 한마디로 정리한 문장이 바로 '현재는 과거의 열쇠'입니다. 지구과학, 특히 지구의 과거를 밝히는 지사학 분야에서 가장 중요한 말이자 가장 핵심적인 원리를 드러내는 문장이라고 할 수 있습니다.

지구의 나이는 45억 살이 넘었습니다. 45억 살이라니 여러분은 상상이 되나요? 앞에서 말했듯이 지구과학은 시간적으로 우주와 지구의 생성부터 현재, 그리고 미래까지 연구합니다. 공간적으로도 지구의 중심부터 우주의 경계까지 연구하지요. 그래서 인간이 연구하는 데 한계가 대단히 많습니다. 여기에서 라이엘이 이야기한 현재는 과거의 열쇠라는 말을 주요 원칙으로 적용할 수 있습니다. 과거에 어떤 일이 일어났는지를 추론할 때 '현재에 어떤 일이 일어나고 있는가?'를 살펴보고 현재로부터 과거에 일어났던 일을 밝혀내는 것입니다. 다시 말해 과거의 사건을 현재의 원리를 적용해서 찾는다는 것이죠. 이 말을 기억하면서 다음 사진을 살펴볼까요?

몽골의 고비사막에서 아주 특이한 화석이 발견되었습니다. 약 8,000만 년 전의 화석이라고 합니다. 초식공룡과 육식공룡이 싸우다가 죽어서 화석이 된 것입니다. 왼쪽 사진은 화석을 복원한 모형이고, 오른쪽은 이 화

프로토케라톱스와 벨로키랍토르의 화석

프로토케라톱스와 벨로키랍토르의 화석 복원도

석을 바탕으로 보기 쉽게 그려낸 그림입니다. 이 그림을 보면서 귀추법을 이용해 8,000만 년 전에 과연 무슨 일이 일어났는지를 알아보려고 합니다.

먼저 둘 중에 어떤 것이 초식공룡이고 어떤 것이 육식공룡인지 살펴볼까요? 첫 번째로 위에 있는 공룡의 발을 자세히 관찰해봅시다. 다리와 발의 모양이 코끼리나 코뿔소의 발처럼 뭉툭하게 생겼습니다. 쿵~ 하고 힘껏 밟을 수는 있겠지만 다른 동물을 잡고 할퀴거나 찢기에는 어려워 보입니다. 다음에는 입을 한 번 보세요. 입이 마치 앵무새의 부리처럼 생겼습니다. 이런 입은 주로 나무 열매를 먹거나 작은 곤충이나 벌레를 집어 먹을 때 용이합니다. 고기를 뜯어 먹을 수 있는 입은 아니지요. 지금도 부리를 가진 새들을 보면 주로 나무 열매를 먹거나 작은 곤충이나 벌레를 집어 먹죠. 이 공룡은 사냥을 위한 무기로 쓸 만하게 생긴 것을 아무것도 가지고 있지 않아 보입니다. 게다가 몸집도 날렵하기보다는 육중해서 빠르게 움직이기에는 적합하지 않아 보이지요. 그래서 초식공룡이라고 추정해볼 수 있습니다.

그러면 밑에 깔려 있는 것이 육식공룡일 텐데요. 입 부분을 관찰해보면 송곳니처럼 굉장히 날카로운 이빨이 촘촘히 나 있는 것을 볼 수 있습니다. 웬만한 살은 바로 뜯길 것 같이 날카롭게 생겼지요? 물리면 무척 아플 것 같습니다. 발톱도 볼까요? 발톱은 꼭 커다란 갈고리, 흡사 날카로운 낫처럼 생겼습니다. 그 발톱으로 위에 있는 공룡의 몸통을 찍고 있네요. 다리가 아주 날씬한 게 날렵하게 생겼죠? 이 공룡은 날렵하게 움직이면서 날카로운 발톱과 이빨로 다른 동물을 공격하고 고기를 뜯어 먹을 수 있는 육식공룡입니다.

위에 있는 초식공룡은 프로토케라톱스라고 하는, 트리케라톱스의 조상으로 알려진 공룡입니다. 아래에 깔려 있는 육식공룡은 영화 〈쥬라기 공원〉에서 아주 영리한 공룡으로 나왔었던 벨로키랍토르입니다. 성질이 아주 난폭하고 위험한 육식공룡으로 알려져 있지요.

그럼 두 번째 원리를 찾아보죠. 왜 프로토케라톱스가 벨로키랍토르를 공격하고 있었을까요? 네, 많이들 예상하셨을 것 같은데, 아마도 배고픈 벨로키랍토르가 프로토케라톱스를 잡아먹으려고 했던 것 같습니다. 벨로키랍토르가 공격하니 프로토케라톱스는 사력을 다해서 방어했겠지요? 그림을 잘 살펴보면 프로토케라톱스가 육중한 다리로 벨로키랍토르의 배를 밟고 부리로 앞다리를 물고 있는 것을 볼 수 있습니다. 아마도 가여운 벨로키랍토르는 갈비뼈가 부러지고 앞다리가 부러져버렸을 거예요. 실제로 화석에서 이 흔적을 발견할 수 있습니다. 서대문자연사박물관에 가시면 이 화석의 모형을 볼 수 있습니다.

'육식공룡이 잡아먹으려고 공격해서 초식공룡이 방어를 위해 반격했다.' 이 같은 장면은 〈동물의 왕국〉과 같은 TV 다큐멘터리 프로그램을 보면 흔하게 볼 수 있습니다. 아프리카 초원에서 사자나 호랑이, 표범 같은 사나운 육식동물이 코끼리나 얼룩말 같은 초식동물을 공격할 때 보면 초식동물들도 잡아먹히지 않으려고 저항하는 모습들을 볼 수 있습니다. 우리 속담 중에도 '쥐도 궁지에 몰리면 고양이를 문다'라는 말이 있듯이요.

[현상]   초식공룡과 육식공룡이 싸우다가 죽어서 화석이 되어 있다.
무슨 일이 일어났던 걸까?

[이론/가설]   1. 초식공룡은 누구? 육식공룡은 누구? 왜 그럴까?

2. 왜 초식공룡이 육식공룡과 싸울까?

3. 초식공룡이 육식공룡과 싸워서 이길 때는 언제일까?

[결론]   ∴ 육식공룡이 초식공룡을 잡아먹으려고 해서 초식공룡이
육식공룡과 싸워서 이기고 있었다.

책이나 다큐멘터리에서 본 것과 같이 현재 일어나고 있는 일들이 과거에도 비슷하게 일어났을 것이라고 추론하는 원리가 동일과정설, 현재는 과거의 열쇠라는 원리입니다. 이 원리에 따라 8,000만 년 전 몽골의 고비 사막에서 벨로키랍토르가 프로토케라톱스를 잡아먹으려고 공격하다가 반격을 당해서 배를 밟혀 갈비뼈가 부러지고 앞다리가 부러지던 와중에,

갑자기 불어온 사막의 모래폭풍 속에 갇혀서 그대로 흙 속에 파묻혀 화석이 된 것으로 추론할 수 있는 것입니다.

자, 그럼 다음 사진을 볼까요? 아래 사진은 마찬가지로 공룡 화석을 복원해놓은 모형입니다. 역시 서대문자연사박물관에서도 볼 수 있어요. 그런데 앞에서 본 그림과 조금 다릅니다. 어떻게 다를까요?

네, 같은 종족의 공룡들끼리 대치하고 있는 모습이지요? 앞서 이야기한 '현재는 과거의 열쇠'라는 문장에 기대어 생각해볼까요? 현재의 지구에서 같은 종족의 동물들끼리 싸우는 경우는 어떤 경우들이 있을까요?

먼저 다큐멘터리에서 본 초원의 동물들을 떠올려봅시다. 무리를 지어 사는 초원의 동물들이 자신의 영역을 지키기 위해서, 우두머리의 자리를 차지하기 위해서 또는 암컷을 차지하기 위해서 싸우는 모습을 흔하게 보았을 겁니다. 이번에는 우리 가까이에서 한 번 찾아볼까요? 여러분도 친

박치기하는 파키케팔로사우루스

구나 형제끼리 싸운 적이 여러 번 있을 겁니다. 맛있는 간식을 더 먹으려고, 재미있는 장난감을 먼저 가지고 놀려고 싸워본 적이 적어도 한 번쯤은 있을 겁니다.

마찬가지로 공룡들도 같은 종족이나 친구끼리 싸울 수 있습니다. 하지만 이 장면만 보고 이들이 왜 싸웠는지를 추론하기는 어렵습니다. 더 이상의 정보가 없기 때문이에요. 만약 이 두 마리의 공룡 화석 주변에 다른 암컷 공룡이 있었다면 암컷을 차지하기 위해 싸웠을 거라고 추론할 수 있겠죠. 만약 주변에 먹이가 있었다면 먹이를 서로 차지하려고 싸웠다고 이야기할 수도 있을 겁니다. 수컷끼리 영역 다툼을 하거나 우열을 가리기 위해 싸웠다고 생각할 수도 있겠지요. 이렇게 우리는 다양한 이야기를 추론할 수 있습니다. 그러니 박물관에 가면 상상력을 동원해서 이야기를 만들어보세요.

[현상]	두 공룡이 박치기를 하고 있다. 무슨 일이 일어났던 걸까?
[이론/가설]	1. 두 공룡은 무엇을 하고 있는 걸까? 노는 걸까? 싸우는 걸까?
	2. 왜 같은 종족끼리 싸우고 있는 걸까?
[결론]	∴ 두 공룡이 누가 더 힘이 센가(또는 암컷을 차지하기 위해, 먹이를 차지하기 위해 등등)를 겨루고 있었다.

이번에는 야외로 나가보겠습니다. 다음 사진은 전라북도 완주군 신리

신리 습곡

라는 곳에 있는 노두(露頭)입니다. 도로를 내느라 산을 깎는 바람에 내부 지층이 드러나 잘 살펴볼 수 있게 되었습니다. 지층들이 위로 불룩 솟아 있는 산 모양을 하고 있는데, 어떻게 보면 일곱 색깔 띠로 이루어진 무지개처럼 생겼습니다. 여러 줄의 지층들이 구부러져 있는 걸 잘 볼 수 있습니다. 과학 시간에 배웠던, 바로 그 습곡구조입니다.

물속에 퇴적물이 쌓일 때는 종이를 겹겹이 쌓아놓은 것처럼 평평하게 가라앉아 수평으로 쌓입니다. 물이 가득 담긴 컵에 모래와 같은, 물에 녹지 않는 가루들을 넣은 모습을 상상해보면 됩니다. 그런데 사진의 지층은 구부러져 있습니다. 어떻게 저런 일이 생긴 걸까요? 저 지층은 처음부터 저렇게 생겼을까요? 아니라면 무슨 일이 일어났던 걸까요?

종이를 예로 들어 생각해봅시다. 종이를 여러 겹 평평하게 쌓아놓습니다. 평평하게 놓인 종이를 저 지층의 모양처럼 구부리려면 어떻게 하면 될까요? 양옆에서 중심을 향해 밀어야 가운데가 위로 불룩 솟아오른 구부러진 모양이 되겠지요. 반대로 양옆으로 잡아당기면 찢어질 것입니다. 그러니까 당연히 이 지층도 어떤 거대한 힘이 양옆에서 밀어서 가운데가 불룩한 모양으로 구부러진 것입니다. 물론 엄청나게 오랜 시간에 걸쳐 천천히 말이지요.

거대한 땅, 지층의 생성 원인을 과학적으로 밝혀낸다고 할 때 반드시 어려운 원리들을 사용하는 것은 아닙니다. 우리가 알고 있는 상식과 전혀 다른 방식으로 과학적 사건들이 일어날 수는 없다는 것입니다.

예를 들면 물건은 위에서 아래로 떨어지죠? 아래에서 위로 떨어질 수는 없습니다. 이 안에는 중력에 의한 '만유인력의 법칙'이라는 과학 원리가 숨어 있습니다. 현재는 위에서 아래로 떨어지는데 아주 먼 과거에는 아래에서 위로 떨어졌을까요? 그렇진 않겠지요. 구부러졌으면 누군가 힘을 가해 구부린 거고, 눌리거나 찌그러졌으면 누군가 힘을 가해 누르거나 찌그러트린 거겠지요.

이번엔 돌멩이 사진입니다. 다음 페이지의 사진에서 화살표로 표시한 부분의 돌이 좀 특이하게 생기지 않았나요? 움푹 들어가 있습니다. 돌이라는 건 굉장히 단단한 물체라서 아무리 세게 누른다고 해도 이처럼 움푹 들어갈 수는 없습니다. 그렇다면 언제, 어떤 상황에서 저런 일이 일어날 수 있을까요?

한쪽이 움푹 들어간 돌멩이

떡을 한 번 떠올려봅시다. 냉동실에서 막 꺼낸, 꽁꽁 얼어 딱딱한 동그란 감자떡을 예로 들어보겠습니다. 꽁꽁 언 감자떡 두 개를 냉장고에서 바로 꺼내면 매우 딱딱한 상태입니다. 이 두 개를 서로 붙여서 밀면 어떨까요? 서로 그냥 붙어만 있지 아무 일도 일어나지 않을 겁니다. 하지만 떡 하나를 열을 가해 녹인 후에 다시 붙여서 밀어 보면 어떻게 될까요? 녹아서 말랑말랑해진 떡이 움푹 들어가겠지요.

돌도 마찬가지입니다. 이 돌에 엄청나게 높은 열이 가해진 겁니다. 그래서 암석이 움푹 들어갈 정도로 말랑말랑해진 거지요. 지구 내부에서 어떤 이유로 엄청난 열이 발생하게 되면 그 주변에 있던 돌도 말랑말랑해져서 이렇게 눌리기도 합니다. 혹시 이런 돌을 발견하게 된다면, '아!

이곳이 옛날에 굉장히 뜨거웠나 보다'라고 생각하셔도 될 겁니다.

🪐 아이쿠! 과학자들의 실수

현재로부터 과거를 추론할 수 있다고 해서 항상 정답을 찾을 수 있는 것은 아닙니다. 과학자들도 실수를 한답니다.

아래의 화석 사진을 보세요. 과학자들은 처음 이 화석을 발견했을 때 새우를 닮았다고 생각했습니다. 현재의 새우와 많이 닮았지요? 과학자들은 이 화석을 보고 '새우와 닮았으니 새우의 조상이겠구나', '옛날에도 새우가 있었구나'라고 생각해서 '이상한 새우'라는 뜻의 '아노말로카리스(Anomalocaris)'라는 이름을 붙였습니다.

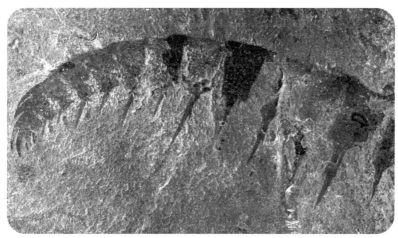

생김새 덕에 이상한 새우라는 이름이 붙은 화석

해파리의 조상이라 생각한 화석

그런데 연구를 더 하다 보니 주변에서 또 다른 화석이 발견됩니다. 과학자들은 해파리와 닮은 이 화석을 보고는 또 해파리의 조상이라고 생각합니다. 그 옆에서 사진과 같은 무시무시한 이빨이 있는 입 모양의 화석이 발견되기도 했지만요.

그런데 그 옆에서 또 다른 화석이 발견됩니다. 다음 페이지의 사진을 보세요. 이 화석을 자세히 살펴보면 새우같이 생긴 부분, 해파리같이 생긴 부분이 한 화석 안에 다 들어 있습니다. 각각 다른 생물인 줄 알았던 것들이 알고 보니 한 생물의 부분들이었던 거죠. 과학자들이 서로 다른 생물인 줄 알고 각각의 이름을 붙여주고 이상한 새우라는 이름까지 붙여줬는데 알고 보니 하나의 생물이었던 겁니다.

새우의 조상이라고 생각했던 부분은 알고 보니 아노말로카리스의 팔 역할을 하는 촉수였습니다. 해파리라고 생각했던 부분은 날카로운 이빨을 가진 입이었고요. 과학자들은 이 화석을 복원하고, 다음 페이지의 아래와 같은 상상도를 그렸습니다.

아노말로카리스가 새우같이 생긴 촉수로 잡고 있는 것이 고생대의 표

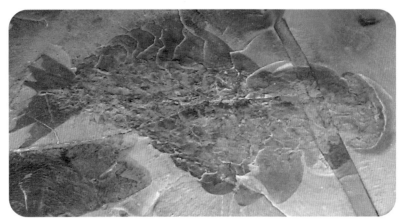

아노말로카리스의 전체 화석

준화석으로 잘 알려진 '삼엽충'입니다. 다른 동물을 잡아먹는 포식자였던 거죠. 아노말로카리스의 크기는 거의 1.5m에 달합니다. 바닷속을 헤엄쳐 다니면서 삼엽충을 잡아먹었던, 지구 최초의 포식자라고 알려져 있습니다. 새우처럼 생긴 촉수로 삼엽충을 잡아 해파리처럼 생긴 입으로 가져가서 그 안에 숨겨져 있는 무시무시한 이빨로 단단한 껍질을 가진 삼엽충을 와그작와그작 씹어먹었던 거죠.

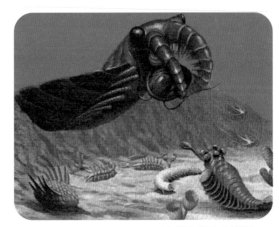

아노말로카리스의 상상도

한 번 정해진 이름은

바꾸기 어렵습니다. 그래서 안타깝게도 이 생물의 이름은 여전히 이상한 새우, 아노말로카리스입니다. 불쌍하게도 지구상에 최초로 나타났던 무시무시한 포식자가 이상한 새우라는 웃긴 이름을 가지게 된 것이지요. 비록 이름은 그대로지만, 이처럼 과학은 새로운 사실이 발견되면 기존의 의견들을 바꿀 수 있습니다. 과학자들은 꾸준한 관찰과 연구를 통해서 새로운 사실을 발견할 때마다 기존의 의견들을 수정하여 바꾸어 나갑니다.

과학자들 때문에 이상한 이름을 가지게 된 억울한 사례를 한 가지 더 보겠습니다. 오비랍토르라는 공룡입니다. 오비랍토르는 '알 도둑'이라는 뜻입니다. 공룡이지만 키가 1.5~2m 정도이니 작은 편에 속하고, 날카로운 발톱을 가진 것으로 보아 육식공룡임을 알 수 있습니다. 이 공룡은 주로 공룡의 알둥지 근처에서 발견되었습니다. 날카롭긴 하지만 작은 크기의 위협적이지는 않아 보이는 발톱, 새의 부리처럼 생긴 입을 가진 육식공룡이다 보니 주로 다른 공룡의 알을 훔쳐 먹고 사는 공룡이라고 추측한 것이지요. 알둥지 근처에서 자주 발견되는 작은 육식공룡. 과학자들은 그래서 이 공룡에게 오비랍토르, 알 도둑이라는 이름을 지어주었습니다.

그런데 어느 날, 재미있는 모습의 화석이 발견되었습니다. 오비랍토르가 둥지에서 알을 품고 있는 형태의 화석이 발견된 거죠. 닭이나 오리가 알을 품고 있는 모습과 아주 비슷합니다.

화석 복원을 통해 알아낸 오비랍토르는 둥지에서 자기 알을 품던 공

룡이었습니다. '알 도둑'
에서 '모성애가 깊은 공
룡'으로 바뀌게 된 것이
죠. 하지만 이름은 여전
히 알 도둑입니다. 꾸준
한 연구를 통해 앞으로
무언가, 또 새로운 사실
이 발견된다면 지금의
정의도 달라질 수 있겠
지요?

알을 품고 있는 오비랍토르 화석

　이처럼 과학은 절대적인 진리가 아닙니다. 진리를 찾아가는 과정이지
요. 아노말로카리스가 이상한 새우에서 지구 최초의 포식자가 되고, 오
비랍토르가 알 도둑에서 모성애가 강한 공룡이 되는 것처럼 과학자들은

알 도둑에서 알을 품는 공룡으로 바뀐 오비랍토르

꾸준한 연구를 통해 새로운 발견을 하기도, 과거에 발견했던 과학적 사실들에 대한 오류를 바로잡기도 합니다.

지금 제가 알고 있는 과학 또한 바뀔 수 있을 것입니다. 앞으로 여러분이 과학자가 되어 새로운 발견을 하게 되면 또 다른 내용으로 바뀔 수 있겠지요. 여러분이 알아낼 새로운 사실, 새로운 미래를 기대하겠습니다.

김기상

국립어린이과학관 전시 큐레이터. 서울대학교에서 지구과학교육을 공부했고 동 대학원에서 「전라남도 강진, 장흥 지역의 화산암 연구」로 석사 학위를, 「자연사박물관에서 일어나는 관람객들의 학습」 연구로 박사 학위를 받았다. 전시 회사에 재직하는 동안 다수의 과학 관련 전시관을 기획 및 설계했고, 한국과학창의재단에서 교육과정 개발 등 과학교육 관련 정책 사업들을 수행했으며, 현재는 국립어린이과학관에서 전시와 과학 문화행사를 통해 어린이들을 만나고 있다.

06

대항해 시대에서
대우주 시대로

우리 인류가 볼 수 있고, 갈 수 있는 한계는 과연 어디까지일까요? 과거 근세 대항해 시대에 새로운 대륙의 탐험이 이루어졌다면, 앞으로는 우리가 살고 있는 지구 너머 새로운 외계행성으로의 탐험을 꿈꾸는 대우주 시대가 펼쳐질 것입니다. 이제부터 대우주 시대를 준비하기 위한 과학자들의 외계행성 탐사 연구에 대해 알아봅시다.

최준영

🪐 '인내'라는 이름의 화성 탐사선, 퍼서비어런스

2020년 7월 30일, 미국항공우주국 나사(NASA)는 새로운 화성 탐사 로버(rover)인 '퍼서비어런스(Perseverance)'를 탑재한 로켓을 발사했습니다. '인내' 또는 '끈기'라는 의미를 지닌 퍼서비어런스라는 이름은 나사에서 미국 전역의 학생들을 대상으로 공모를 통해 선정했습니다. 약 2만 8천 개의 이름이 접수되었는데, 최종 심사에 올라온 아홉 개의 후보 가운데 국민 투표 및 전문가들의 심사를 통해 최종 이름이 정해졌습니다.

이 퍼서비어런스라는 이름을 제안한 이는 중학교 1학년생인 알렉산더 매더(Alexander Mather)입니다. 그는 다음과 같은 이유를 들어 이 이름을 제안했다고 합니다.

나사의 새로운 화성 탐사 로버, 퍼서비어런스

"큐리오시티(Curiosity, 호기심), 인사이트(Insight, 통찰력), 스피릿(Spirit, 정신), 오퍼튜니티(Opportunity, 기회). 이 같은 과거 화성 탐사선들의 이름들은 모두 우리 인류가 가지고 있는 능력들입니다. 우리는 항상 호기심을 갖고 기회를 잡으려 했습니다. 우리에게는 달, 화성, 나아가 그 너머를 탐사하고자 하는 정신과 통찰력이 있습니다. 그러나 탐사선들이 우리의 능력을 보여주는 것에 있어서 가장 중요한 것을 놓치고 있습니다. 그것은 바로 '인내(Perseverance)'입니다. 우리 인류는 어떤 가혹하고 어려운 상황에서도 적응하는 법을 배울 수 있는 존재로 진화했습니다. 우리는 탐험하는 종족으로, 화성으로 향하는 과정에서도 수많은 난관에 부딪힐 것입니다. 그러나 우리는 인내할 수 있습니다. 우리는 국가가 아닌 인류로서 포기하지 않을 것입니다. 인류는 항상 미래를 위해 인내할 것입니다."

매더가 제안한 이 퍼서비어런스라는 이름은 단지 공모 대상으로만 그친 것이 아닙니다. 우리 인류의 본성을 생각하고 앞으로 우주 탐사에 있어 중요한 자질이 무엇인가를 다시금 일깨우는 계기가 되었습니다. 그동안 화성 탐사선의 이름이었던 '호기심', '통찰력', '정신', '기회', 그리고 이제 '인내'까지. 이 이름들은 인류의 끝없는 우주로의 도전과 탐사를 대표하는 단어가 되었습니다.

🪐 화성행 티켓에 이름을 올리다

퍼서비어런스는 지구와 화성 사이 우주 공간을 지나 2021년 2월 18일에

예제로 크레이터의 위성 사진

화성 적도 위쪽에 있는 예제로 크레이터(Jezero Crater)에 무사히 착륙하여 탐사를 진행 중에 있습니다.

예제로 크레이터는 수십억 년 전 델타 강이 흘렀던 약 45km 너비의 퇴적 지형으로, 물과 퇴적물이 흘러들어와 고대 유기분자나 미생물의 흔적을 찾을 수 있는 유력한 장소입니다. 예전부터 화성 탐사선의 중요 목적지였지만, 수많은 바위와 절벽 등 험난한 지형 때문에 탐사선을 안전하

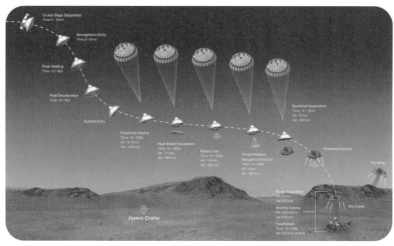
퍼서비어런스의 하강 착륙 예상도

게 착륙시키기엔 부적합한 지역이었습니다. 하지만 착륙 기술의 발전으로 이 험한 예제로 크레이터에도 정밀한 착륙이 가능해졌습니다. 퍼서비어런스는 예제로 크레이터에서 지질 탐사, 분석 등의 임무를 수행하며, 여러 토양 표본들을 채집해 다음 탐사선이 회

퍼서비어런스에 실려 화성으로 보낸 저자의 티켓

퍼서비어런스에 설치된 마이크로칩

수할 때까지 보관할 예정입니다.

퍼서비어런스를 화성에 보내기 전, 나사에서는 전 세계인을 대상으로 자신의 이름을 화성에 보내는 행사를 진행했습니다. 이 행사에 참여한 10,932,295명의 이름이 적힌 티켓이 손톱만 한 작은 칩 세 개에 담겨 퍼서비어런스에 설치되었습니다. 아직은 사람이 직접 화성에 갈 수는 없지만, 자신의 이름만이라도 화성에 보내고자 하는 사람들의 열망이 고스란히 느껴집니다. 이번에 참여하지 못한 사람들은 다음 화성 탐사선에 자신의 이름이 적힌 티켓을 보낼 수 있습니다.

(https://mars.nasa.gov/participate/send-your-name/future)

🪐 외계행성의 발견으로 노벨상을 받다!

매년 10월 초가 되면 노벨상이 발표됩니다. 여섯 개 부문(물리학, 화학, 생리의학, 문학, 평화, 경제학)의 노벨상 중 노벨 물리학상은 물리학과 천문학 분야에서 인류에 공헌한 사람에게 수여됩니다.

2019년 노벨 물리학상은 천문학 분야에서 나왔습니다. 초기 우주에서 은하가 어떻게 생성되는지를 밝혀낸 제임스 피블스(James Peebles)와 태양과 비슷한 별 주위를 돌고 있는 외계행성을 처음으로 발견한 미셸 마요르(Michel Mayor)와 디디에 쿠엘로(Didier Queloz)가 공동 수상했습니다. 이 세 명 가운데 미셸 마요르와 디디에 쿠엘로에 대한 이야기를 해보려고 합니다.

디디에 쿠엘로가 박사과정 학생일 당시에 지도교수가 미셸 마요르였습니다. 마요르 교수는 대학원생들과 함께 천체의 스펙트럼을 관측할 수

있는 분광기를 이용해 별들의 시선속도를 측정하는 연구를 진행했습니다. 시선속도란, 어떤 물체의 시선방향으로의 속도를 말하는데, 천체의 시선속도는 천체가 우리에게 다가오면 파

2019년 노벨 물리학상 수상자 디디에 쿠엘로(왼쪽)와 미셸 마요르

장이 짧아지고(청색편이, blueshift), 멀어지면 파장이 길어집니다(적색편이, redshift).

마요르 교수가 초기에 사용하던 분광기는 시선속도의 측정 정밀도가 매우 낮았습니다. 그래서 쿠엘로는 시선속도를 더욱 정밀하게 측정할 수 있는 분광기를 개발했는데, 이를 프랑스 남부의 오트프로방스(Haute-Provence)천문대에 설치해 관측을 이어갔습니다.

1994년, 마요르 교수가 안식년으로 하와이 대학교로 떠난 지 얼마 후, 쿠엘로는 이 분광기를 이용해 페가수스자리 51(51 Pegasi) 별을 관측했는데 무언가 이상한 점을 발견하게 됩니다. 처음에는 새로 개발된 분광기와 관측자료 분석 소프트웨어의 오류라고 생각해 지도교수인 마요르에게도 이 사실을 숨겼습니다. 하지만 몇 번을 다시 분석해도 같은 결과가 나오자, 쿠엘로는 자신이 아무래도 외계행성을 발견한 것 같다고 하와이에 있는 마요르 교수에게 팩스로 데이터를 보내 알리게 됩니다.

마요르 교수는 보내온 데이터를 보고 바로 믿지는 않았지만, 쿠엘로에게 외계행성을 발견한 것 같다며 희망적인 이야기를 전합니다. 이후 마요르와 쿠엘로는 몇 번의 검증을 거쳐 태양과 유사한 별을 돌고 있는 외계행성 발견에 확신을 갖게 됩니다. 마침내 1995년 10월, 이 사실을 학계에 발표합니다.

🪐 존재의 인식이 주는 가치

우리 태양계 밖에서 외계행성을 발견한 것은 사실 마요르와 쿠엘로가 처음은 아니었습니다. 첫 외계행성은 펄서(pulsar)라고 불리는 중성자별 주변을 돌고 있는 외계행성으로 1992년에 발견되었습니다. 하지만 이 펄서는 일반적인 태양과 같은 별이 아니었고, 거의 우연에 가까운 발견이었습니다.

마요르와 쿠엘로가 발견한 페가수스자리 51 b(51 Pegasi b)라는 외계행성은 우리 태양과 유사한 별 주변에도 외계행성이 존재한다는 것을 입증했다는 점에서 큰 의미가 있습니다. 노벨상위원회에서도 이 발견으로 인해 지구가 우주에서 갖는 위상을 이해하고, 현재까지 수많은 외계행성의

태양과 비슷한 별 주위를 도는 외계행성 페가수스자리 51 b(왼쪽)와 모성(오른쪽)의 상상도

발견을 이끌어낸 공로를 인정해 노벨상을 수여한다고 발표했습니다.

　이 발견 전까지 사람들은 과연 우주에 지구와 같은 또 다른 행성이 존재할지에 대한 의구심이 있었습니다. 그러나 이 발견 이후에는 비록 지금은 찾지 못했으나 이 우주 어딘가에 또 다른 행성이 존재한다는 믿음이 생겨났습니다. 그 결과 많은 천문학자가 외계행성 발견을 위해 수많은 노력을 기울였고, 현재에는 4,300개가 넘는 외계행성이 발견되어 우주에 외계행성이 수없이 많다는 사실을 인식하게 되었습니다.

　존재의 인식은 사람들에게 노력을 기울일 수 있는 의지를 줍니다. 보물이 있는지 없는지 모르고 땅을 파는 것과 분명 어딘가에 보물이 묻혀 있다는 사실을 알고 땅을 파는 것은 전혀 다릅니다. 우리는 마요르와 쿠엘로의 발견 덕분에 이 우주에 수많은 외계행성이 존재한다는 사실을 알고 있습니다. 이제 남은 것은, 포기하지 않고 외계행성을 발견하고자 하는 우리의 노력과 끈기입니다.

　쿠엘로는 노벨상 수상 소식을 듣고 다음과 같은 말을 남겼습니다.

　"이제 어느 날 갑자기, 우리는 외계생명체에 관해 이야기할 것입니다."

　외계행성에 대한 존재의 인식이 수많은 외계행성의 발견을 이끌었던 것처럼, 조만간 우주에서 지구의 생명체가 아닌 또 다른 생명체의 발견이 이루어진다면, 마찬가지로 우리는 수많은 외계생명체를 발견할지도 모릅니다.

🪐 모래사장에서 진주 찾기

깜깜한 밤하늘을 수놓은 듯 빛나는 별들은 대부분 태양계 밖에 있습니다. 물론 빛이 난다고 모두 별은 아닙니다. 화성, 목성과 같은 태양계 안의 다른 행성도 있고, 가끔 떨어지는 별똥별도 있습니다. 또한 우리 지구 주위를 돌고 있는 수많은 인공위성도 보일 때가 있습니다. 그리고 너무 멀어 우리 눈에는 보이지 않는 별들도 무수히 많이 있습니다.

별은 스스로 빛을 내는 천체를 말합니다. 그럼 행성은 어떨까요? 태양계 안에는 태양이라는 별과 태양 주위를 도는 여덟 개의 행성이 있습니다. 이 행성들은 스스로 빛을 내지는 않습니다. 물론 엄밀히 말하면 아예 빛을 내지 않는 것은 아니지만, 별처럼 내부에서 핵융합 작용으로 에너지를 만들어 빛을 내는 것은 아닙니다. 그래서 행성들은 별과는 다르게 매우 어둡습니다.

지구에서 보는 태양계의 여러 행성은 반사된 태양 빛에 의해 때론 별보다 밝게 보일 때도 있습니다. 하지만 여전히 태양보다는 매우 어둡고, 거리가 멀수록 더 어둡게 보입니다. 밤하늘의 반짝이는 별들 주변에도 그 별들을 돌고 있는 행성들이 있지만, 너무 어둡다 보니 우주의 까만 밤하늘에 묻히게 됩니다. 눈에 보이지 않는다고 해서 그 존재가 없는 것은 아니랍니다.

외계행성(Exoplanet)이란 태양계 밖에 있는 다른 별 주위를 도는 행성을 말합니다. 처음으로 외계행성을 발견한 지 이제 30년이 채 되지 않았지만, 지금까지 발견한 외계행성은 4,300개가 넘습니다. 아직 확정되지 않은 수를 포함하면 거의 1만 개에 가깝습니다.

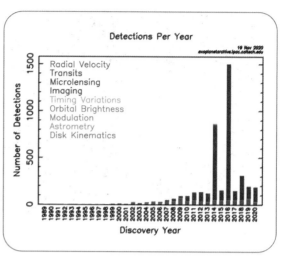

현재까지 발견된 연도별 외계행성의 수

외계행성의 발견은 앞서 설명한 대로 정말로 쉽지 않은 일입니다. 칠흑 같은 어두운 방에서 어디에 있을지 모를 무언가를 — 비록 그 존재를 안다고 해도 — 찾는 일이나 다름없습니다. 아니 어두운 방이라면 더듬더듬 만져볼 수라도 있겠지만, 어둡고 깜깜한 이 우주 어딘가에 있을지 모르는 외계행성을 찾는 것은 정말이지 모래사장에서 진주를 찾아 헤매는 격입니다. 그나마 다행인 것은, 우리는 이 모래사장이 어디에 있는지 안다는 점입니다. 적어도 외계행성은 반짝이는 별 근처 어딘가에는 있을 테니까요.

매년 발견되는 외계행성의 수는 지속해서 늘어나고 있습니다. 특히 나사에서는 외계행성을 발견하기 위해 우주망원경을 쏘아 올려 큰 성과를 거두고 있습니다. 2014년에 1,000여 개, 2016년에는 1,500여 개의 외계행성을 발견했는데, 이는 케플러(Kepler)우주망원경 덕분입니다.

2009년에 외계행성을 찾기 위해 발사된 케플러우주망원경에 걸었던

케플러우주망원경

기대는 그리 크지 않았습니다. 왜냐하면 2009년까지 찾은 외계행성의 수는 다 합쳐서 300개가 채 못 되었기 때문입니다. 케플러우주망원경은 지구에서 보았을 때 백조자리 부근의 손바닥만 한 매우 작은 하늘만을 관측했는데, 이 영역 안에 있는 53만 개의 별들을 관측해 2,662개의 외계행성을 발견하는 대단한 성과를 올렸습니다.

케플러우주망원경이 관측한 하늘의 크기는 전체 하늘에서 단지 0.25%였습니다. 이것은 단순 계산해도 전체 하늘에 최소 1백만 개 이상의 외계행성이 있을 수 있다는 것입니다. 아직 발견하지 못한 외계행성이 얼마나 많을지 한번 상상해보세요.

🪐 어두운 외계행성은 어떻게 찾을까?

갑자기 집에 정전이 되어 촛불을 켰을 때, 작은 촛불이 밝히는 빛이 얼마만큼 밝은지 느껴본 적이 있나요?

이번에는 집에서 촛불로 간단한 실험을 해봅시다. 저녁 시간에 집 안의 불을 모두 끄고 촛불 하나를 켜보세요. 촛불로 인해 주변이 밝아졌을 겁니다. 촛불을 가만히 지켜보다가 촛불의 옆을 한 번 보세요. 희미하지만 집 안의 무엇인가가 보일 것입니다. 이번엔 손가락으로 촛불을 살짝 가리고 좀 전에 보았던 물건을 보세요. 어떤가요? 더 잘 보이나요? 이렇게 밝은 빛은 때론 어둠을 밝히는 역할도 하지만 오히려 어둠을 더 어둡게 보이게도 합니다.

외계행성을 발견할 때 가장 어려운 점은 외계행성이 너무 어둡다는 것입니다. 게다가 외계행성이 돌고 있는 별인 모성(母星)의 환한 밝기가 상대적으로 외계행성을 더욱 찾기 어렵게 만듭니다. 그러면 이렇게 어두운 외계행성을 어떤 방식으로 찾아야 할까요? 그 힌트를 얻기 위해서는 별과 그 주위를 도는 행성 시스템에 대한 물리적 이해가 필요합니다.

앞서 간단한 촛불 실험에서 촛불을 가렸을 때 주변이 더 잘 보인다고 했습니다. 그렇다면 별빛을 가리면 어떨까요? 일식이 일어날 때 달이 태양을 가리게 되면 하늘이 어두워집니다. 완전히 태양을 가리는 개기일식이 일어나게 되면 심지어 태양 근처의 별들이 보이게 됩니다. 이처럼 별빛을 가린 후 그 주위를 돌고 있는 행성을 직접 발견하는 방법으로 외계행성을 발견할 수 있습니다. 하지만 외계행성이 워낙 어두워서, 매우 좋은 망원경을 이용해 아주 가까이 있는 별에만 적용할 수 있는 방법입니다.

행성은 별 주위를 돌고 있습니다. 만약 우리가 보는 방향에서 별 주위를 돌고 있는 행성이 별을 가리는 순간이 온다면 별빛은 어떻게 될까요? 앞서 얘기한 일식처럼 달이 태양을 가려 태양 빛이 어두워지듯이, 행성이 별을 가리게 되면 우리에게 오는 별빛의 양도 줄어들게 됩니다. 천문학에서는 이런 현상을 '식(食)'이라고 부릅니다. 일식, 월식, 성식 등 다양한 식 현상이 있습니다.

그러나 너무나 멀리 있는 별의 경우, 그 주변을 돌고 있는 행성이 별의 크기에 비해 워낙 작아서 가려지는 빛의 양은 매우 미미합니다. 하지만 측정기기와 기술의 발전으로 우리는 그 빛의 0.000001%까지도 측정할 수 있습니다. 케플러우주망원경이 수많은 외계행성을 발견한 방법이 바로 이것입니다. 별빛의 아주 적은 변화도 정밀하게 측정하기 위해 지구가 아닌 우주에 망원경을 보낸 것이지요.

이외에도 별 주위를 돌고 있는 행성으로 인해 중력적으로 별의 위치가 변화하게 되는데, 그 위치의 변화를 측정해 상대적으로 그 주변의 외계행성을 발견하는 방법이 있습니다. 이와 달리 2019년 노벨 물리학상을 받은 마요르와 쿠엘로가 사용한 방법은, 행성으로 인한 별의 위치 변화가 시선속도의 변화로 보일 때 별빛이 멀어지고 다가오는 현상을 측정하는 방식이었습니다. 이 두 가지 방법은 비슷한 현상이지만 위치를 측정하느냐, 아니면 별빛의 변화를 측정하느냐로 구분됩니다.

마지막으로 소개할 방법은 앞의 방법들과는 다소 다릅니다. 아인슈타인은 1915년에 일반 상대성 이론을 발표합니다. 중력에 대한 상대론적 이론에 따르면 무거운 질량을 가진 물체 주변의 시공간은 휘어지게 됩니다. 만약 이 휘어진 시공간을 따라 빛이 이동하게 되면 그 빛은 휘어진 시공간만큼 이동해 보이게 됩니다. 이것을 중력렌즈 효과라고 하며 우주에서 매우 드물게 보이는 현상입니다.

만약 멀리 있는 별빛이 우리에게 오다가 그 사이에 있는 어떤 별 주변을 지나게 되면 이 중력렌즈 효과로 인해 밝아졌다가 어두워지게 됩니다. 이때 이 별 주변에 행성이 있다면, 중력렌즈 효과로 인한 배경 별의 밝기 변화가 특이하게 일어나게 됩니다. 이 현상을 이용해 외계행성을 발견하는 방법을 미시중력렌즈(Microlensing) 방법이라고 부르며, 우리나라의 외계행성 탐색시스템(Korea Microlensing Telescopes Network; KMTNet)도 이 방법을 사용하고 있습니다.

🪐 우리나라의 외계행성 탐색시스템, KMTNet

미시중력렌즈 현상은 약 1백만분의 1의 확률로 매우 드물게 일어납니다. 따라서 미시중력렌즈 현상을 관측하기 위해서는 관측확률을 높여야 하고, 이 방법은 아주 단순하게도 한 번에 많은 별을 볼 수 있으면 됩니다.

우리은하의 중심부에는 수많은 별이 모여 있기 때문에 미시중력렌즈 현상의 관측확률을 높여 관측하기에 매우 좋습니다. 하지만 우리은하

중심부는 궁수자리 부근에 있어서 북반구에 있는 우리나라에서는 연중 관측하기가 어렵습니다. 반면 남반구에서는 우리은하 중심부의 고도가 높아 거의 연중 관측할 수가 있습니다.

이런 점을 고려해 우리나라의 한국천문연구원에서는 남반구의 세 개 지역인 칠레, 남아프리카공화국, 호주에 1.6m 크기의 똑같은 반사망원경을 설치해 24시간 연중 우리은하 중심부의 수억 개 별을 관측할 수 있는 시스템을 만들었습니다. 이것이 바로 한국천문연구원에서 개발한 KMTNet으로 한국 외계행성 탐색시스템입니다.

KMTNet에 설치된 1.6m 망원경에는 3.4억 화소의 초대형 모자이크 CCD카메라가 설치되어 있어서 약 $2 \times 2°$의 하늘을 한 번에 관측할 수 있습니다. 이렇게 광시야의 이점을 살려 최대한 많은 별을 모니터링함으로써 낮은 발생빈도의 미시중력렌즈의 관측확률을 높일 수 있습니다.

칠레, 남아프리카공화국, 호주에 설치된 KMTNet의 망원경은 각각 CTIO(Cerro Tololo Inter-American Observatory, 세로토롤로범미주천문대), SAAO(South African Astronomical Observatory, 남아프리카천문대), SSO(Siding Spring Observatory, 사이딩스프링천문대)라고 불리는 천문대 안에 있습니다. 모두 최소 1,000m 이상의 고도를 가지며, 특히 CTIO는 약 2,200m 높이로 세계적으로도 관측하기 매우 좋은 장소 중의 하나입니다. 기후도 매우 건조하고 비가 거의 오지 않아 일 년 중 거의 300일 이상 관측이 가능합니다.

몇 년 전 칠레 CTIO의 KMTNet으로 관측하러 갔었을 때 보았던,

칠레 CTIO

까만 밤하늘과 어우러져 머리 위로 지나가는 아름다운 은하수의 별빛은 이루 말할 수 없는 감동이었습니다. 현재에도 계속해서 세 곳의 KMTNet이 운영되고 있으며, 한국천문연구원의 여러 천문학자가 미시 중력렌즈 현상을 이용해 외계행성 발견에 박차를 가하고 있습니다.

🪐 지구와 가장 닮은 '티가른의 별 b'

지금까지 발견된 4천 개가 넘는 외계행성 중 생명체가 살기에 적합한 환경을 가졌을 것이라 추측되는 행성들은 있지만, 생명체가 존재하는 행성이 발견된 적은 아직 없습니다. 지구를 예로 들어 생각했을 때, 어떤 환경이 생명체가 살 수 있는 환경이며, 생명체가 탄생할 수 있는 조건은 무엇일까요? 발견된 외계행성 중에는 목성과 같이 기체로 이루어진 행성도 있고, 지구나 화성처럼 약간의 대기와 흙, 물, 얼음 등으로 이루어진 지

표면을 가진 행성도 있습니다.

과학자들은 생명체가 탄생할 수 있는 가장 중요한 요건으로 물의 존재 여부를 꼽습니다. 물은 온도에 따라 기체, 액체, 고체 상태로 존재할 수 있습니다. 외계행성에 물이 있다면, 외계행성의 온도에 따라 수증기나 얼음의 형태로 있을 수 있고, 액체인 물의 상태로도 있을 수 있습니다. 그렇다면 외계행성의 온도를 결정하는 것은 무엇일까요? 행성의 내부적인 요인을 제외한다면, 외계행성의 온도를 결정하는 것은 모성이 되는 별까지의 거리와 그 별의 온도입니다.

쉽게 태양계의 예를 들어보면, 태양에 가까이 있는 행성은 온도가 뜨겁고, 멀리 있는 행성은 온도가 차갑습니다. 태양 정도의 뜨거운 별의 경우, 물이 액체 상태로 존재할 수 있는 거리에 있는 행성은 금성, 지구, 화성뿐입니다. 우리 지구는 참으로 운이 좋게 태양으로부터 아주 뜨겁지도, 아주 차갑지도 않은 적당한 거리에 놓여 있는 것입니다.

이렇게 외계행성에서 생명체가 살 수 있는 적당한 영역을 거주가능 지역(habitable zone)이라고 하며, 거주가능 지역 안에 있는 지구와 유사한 외계행성을 찾는 것이 중요합니다. 지구와 얼마만큼 유사한지를 수치로 나타내는 지표를 ESI(Earth Similarity Index, 지구 유사도 지수)라고 합니다. ESI가 1에 가까울수록 지구와 비슷합니다. 태양계의 행성 중에서는 화성의 ESI가 0.64로 가장 높습니다.

현재까지 발견된 외계행성 중 ESI가 가장 높은 외계행성은 티가든의 별 b(Teegarden's Star b)라는 행성이며, 무려 0.95의 ESI로 지구와 95% 유사합니다. 이 외계행성은 지구로부터 약 12광년 떨어져 있으며, 지구보다 살짝 큰 크기의 행성이라고 추정됩니다. 모성인 티가든의 별은 태양보다 온도가 낮습니다. 하지만 모성과 행성의 거리가 매우 가까워 이 행성의 온도는 0~50도 정도로 안정적이고 온화할 것이라 기대하고 있습니다. 또한 행성의 표면은 암석으로 이루어져 있고, 물이 존재할 가능성이 매우 클 것이라고 여겨집니다.

아직은 이 외계행성의 존재만을 확인한 상태지만, 지구에서의 거리가 약 12광년으로 다른 외계행성보다 가까워 추가적인 연구가 진행된다면 물의 존재뿐만 아니라 외계생명체의 존재도 언젠가는 확인할 수 있을 것으로 기대하고 있습니다.

🪐 대항해 시대에서 대우주 시대로

사람은 우리가 알지 못하는 미지의 세계에 대한 두려움을 가지고 있습니다. 하지만 이 두려움으로 움츠러들기보다는 그 미지의 세계를 알아보고 탐사하려는 용기와 도전정신 또한 지니고 있습니다.

역사적으로 인류는 삶의 터전을 넘어 더 넓은 세상으로 나아갔습니다. 비록 농경문화가 정착되고 안정적인 삶을 이어갈 수 있는 상황에도, 거기에 만족하지 않고 신세계에 대한 동경과 탐사는 끊임없이 이루어졌습니다. 근세 항해술과 선박 기술의 발달은 그동안 바라보기만 했던 끝없는 대양의 탐사를 가능하게 만들어 빛나는 대항해 시대를 열었습니다.

그 결과 이탈리아인인 콜럼버스는 신항로를 개척해 아메리카 대륙에 도착할 수 있었습니다.

이제 우리는 첨단기술을 바탕으로 우주에 대한 이해와 더불어, 그동안 그저 바라만 보았던 달과 행성, 심지어 태양계 너머까지 탐사를 진행하고 있습니다. 토끼가 산다고 여겼던 달에 토끼는커녕 공기조차 없다는 사실도 알게 되었습니다.

이 우주에 지구만이 유일한 생명체가 사는 행성일까요? 또 다른 생명체가 사는 행성은 과연 존재할까요? 그 답을 찾는 주인공은 여러분입니다. 이제 대우주 시대가 열리고 있습니다.

최준영
국립부산과학관 교육연구실장. 연세대학교에서 천문우주학을 전공하고, 충북대학교에서 미시중력렌즈의 물리적 특성을 연구해 박사학위를 받았다. 강원도 양구 국토정중앙천문대에서 천문대장을 역임했으며, 미시중력렌즈를 이용한 국제적인 외계행성 탐색 연구에 참여했다. 현재는 국립부산과학관에서 과학교육을 총괄하고 있으며, 매년 '10월의 하늘' 강연을 통해 미래 과학자들을 만나고 있다.

07

〈마션〉으로 풀어보는
창의적 사고

우연한 기회에 호주의 광활한 사막으로 과학 탐사를 다녀온 적 있었습니다. 만약 이 같은 사막이나 우주 한가운데에 나 혼자 남게 된다면 과연 어떻게 집으로 돌아 갈 수 있을지를, 당시에는 막연하게나마 머릿속으로 그려보았습니다. 그러다 그와 같은 상황을 그린 영화 〈마션〉을 보고 난 뒤, 이를 '맥킨지의 문제해결 7단계'로 풀 어보면 어떨까 하는 생각이 들었습니다. 내가 주인공 마크 와트니의 입장이 되어 문제가 발생한 시점에서부터 마지막에 지구로 귀환까지의 과정을 보고서로 작성하 는 것을 목표로 문제해결 7단계에 대입해 서식으로 정리해보았습니다.

영화 〈마션〉으로 접근해본 창의적 문제해결법의 세상으로 같이 한번 떠나볼까요?

우성수

🪐 창의적 사고가 필요한 이유

'창의'라는 단어를 사전에서 찾아보면 '새로운 의견을 생각하여 내거나 그 의견 자체'라고 등재되어 있습니다. '의견'은 다른 말로 '나의 생각'이라고 할 수 있습니다. 요컨대 '자신의 새로운 생각을 정리하여 의견을 내는 것'을 창의라고 정의 내릴 수 있습니다.

그런데 왜 많은 사람이 스스로에 대해 창의적이지 않다고 생각할까요? 창의적인 아이디어를 내는 것을 왜 그렇게 어려워할까요? 여러 가지 이유가 있겠지만, 단순하게 보자면 자신의 생각을 정리하고 표현하는 데 익숙하지 않고, 시도하기 전부터 실패에 대한 두려움이 앞서기 때문입니다. 이는 다시 말해 정해진 하나의 정답을 찾는 기존의 교육방법으로는 4차 산업혁명 시대를 선도할 창의적 인재를 육성하기가 어렵다는 것을 의미하기도 합니다.

4차 산업혁명에 필요한 인재상은 인공지능, 로봇기술, 생명과학 등의 분야를 주도할 창의적 사고와 문제해결 능력을 갖춘 이들입니다. 하지만 객관식, 주입식 교육을 받은 학생들은 창의적 사고가 부족하고 문제해결 능력 또한 갖추지 못한 것이 현실입니다. 이 같은 이유는 본인의 생각을 스스로 구조화하지 못하고 창의적 사고의 생각 프로세스를 학습할 기회를 얻지 못했기 때문입니다. 자신이 관심 있는 분야에 지적 호기심을 앞세워 질문하고, 수집된 사실이나 정보를 통해 질문에 대한 가설을 스스로 수립하고, 여러 가지 다양한 방법을 통해 검증하는 프로세스를 체득

함으로써 결과를 습득하는 창의적 사고의 방식을 우리나라 학생들의 대부분은 경험하지 못하고 있습니다.

🪐 캠퍼스 대신 전 세계 도시를 누리는 대학

창의적 사고 교육을 이야기할 때 눈여겨보아야 할 해외 대학이 있습니다. 바로 '미네르바 대학(Minerva School)'입니다. 무조건 암기하고 그 안에서만 답을 찾는 기존 교육에서 벗어나 학생 스스로 전 세계의 사회 문제를 현실에서 찾아내 창의적·비판적으로 생각하고, 자신을 둘러싼 세상을 이해하면서 문제를 해결하는 방식을 가르칩니다. 실용을 우선시하는 적용 중심의 학습을 내세워 문제해결 과정에서 학생 스스로 생각하거나 학생 간 협력을 통해서 학습을 진행해 성숙한 시민으로 성장할 수 있는 교육을 받습니다. 혁신적 사고, 글로벌 시민의식에 부합하는 지적 호기심을 향상케 하는 능동적 학습법을 가르치고 있어, 2012년 설립 이래 지금까지 전 세계 다양한 국가의 인재들이 문을 두들기고 있습니다.

미네르바 대학은 '세계가 캠퍼스다'라는 모토 아래 강의실 없이 온라인으로만 교육을 진행합니다. 대신 4년간 7개국 주요 도시(샌프란시스코, 서울, 베를린, 부에노스아이레스, 런던, 타이페이, 하이데라바드)에 위치한 기숙사를 순회하며 온라인 수업을 받으며, 강의실이 아닌 일상생활 속 현장이나 박물관·미술관 등에서 비판적으로 생각하는 능력을 키웁니다. '시험은 테스트를 통한 점수가 아니라 세상의 사회 문제를 해결하는 능력

세계 7개국의 주요 도시에 위치한 미네르바 대학 기숙사

을 키우는 것'이라는 모토 아래, 전 세계에 산재한 무수한 과제에 도전
하는 사회적 인재를 키우는 것을 사명으로 삼고 있습니다. 나아가 함께
생각하고, 함께 질문하고, 함께 해결안을 찾아내고, 함께 실행하고, 함께
소통하는 것을 중요하게 여깁니다.

　최근 우리나라의 카이스트(KAIST)도 융합인재학부의 신설을 통해 혁
신적인 교육 실험에 나섰습니다. 정재승 교수가 학부장을 맡아, 전통적인
학문 간의 장벽을 넘어 다양한 지식을 섭렵하고 접목하는 문제해결형 인
재를 양성하기로 한 것입니다.

　융합인재학부의 가장 큰 특징은 모든 과목에서 ABCD로 구분되는 학
점을 없애고 통과 또는 탈락(pass/fail)으로만 기록한다는 점입니다. 다
양한 과목을 수강하고 싶은 학생들이 '전공생에게 밀려 낙제점을 받으면
어쩌나' 하는 걱정 탓에 도전을 꺼리는 부작용을 막기 위해서입니다. 학

생들은 2~4학년 동안 본인이 선정한 사회문제를 해결할 아이디어를 찾고, 이를 실현한 프로젝트 기반형 학습(Problem-Based Learning; PBL)의 결과물을 남겨야 합니다.

🪐 창의적 인재를 꿈꾸는 기업들

2019년 현대자동차그룹의 정의선 수석부회장은 "조직의 생각하는 방식, 일하는 방식에서도 변화와 혁신이 필요하다"라고 주장한 바 있습니다. 유진그룹의 유경선 회장은 "유수 기업들이 자율성과 창의성을 바탕으로 부서 간 경계를 넘는 애자일(agile, 날렵하고 민첩한) 조직을 도입하고 있다. 소통문화가 생존의 길"이라고 언급한 바 있습니다. 이렇듯 국내 대기업들도 창의적 사고와 문제해결 능력을 직원들이 갖추어야 할 중요한 능력으로 생각하고 다양한 교육에 집중하고 있습니다.

유수의 글로벌 기업인 테슬라, 아마존, 애플, 구글 등도 지금껏 세상에 없었던, 유일한 제품을 만들어내는 창의력을 가장 중요하게 생각하고 있습니다. 이들 가운데 민간 우주 시대를 연 테슬라의 CEO 일론 머스크(Elon Musk)는 현시대를 대표하는 창의적인 인물로 꼽힙니다.

2002년 민간 항공우주 기업 '스페이스(Space)X'를 설립한 이래, 2011년에 재사용 가능한 로켓 발사 시스템 개발을 발표했을 때는 전 세계인으로부터 말도 안 되는 프로젝트를 추진하는 인물로 취급받기도 했습니다. 그러나 2015년 12월, 팰컨9의 1단 추진 로켓이 발사대 근처에 위치한 착

세계 최초 로켓 1단 부스터를 역추진해 착륙시키는 데 성공한 스페이스X 본사

류장에 수직 역추진 방식으로 착륙에 성공했습니다. 이는 지구궤도 비행용 우주선으로서는 전례가 없었던 최고의 업적으로 꼽히는 쾌거였습니다. 남들과 정말 다른 생각으로 새로운 시대를 이끄는 기업과 CEO라고 인정할 수밖에 없을 것입니다.

🪐 창의적 사고를 이끄는 7단계 문제해결 프로세스

스스로 사고하고 창조하는 능력을 갖추려면 우선 세 가지 능력이 필요합니다.

먼저 문제를 발견하는 능력입니다. '왜 그럴까?', '궁금하다', '재밌겠다' 등등 세상 모든 것에 호기심을 가지고 끊임없이 질문해봐야 합니다. 마치 어린아이가 엄마에게 쉴 새 없이 질문 보따리를 풀듯이 세상의 다양한 현상을 관찰하며 질문해보는 것입니다.

둘째는 문제해결 능력입니다. 문제해결 프로세스를 통해 다양한 시각으로 접근하면서 질문에 대해 스스로 가설을 세워 답변해보는 것입니다. 새로운 사실이 발견되면 가설을 수정해도 됩니다. 나아가 한 가지 답으로만 그치지 말고 또 다른 플랜 B나 C도 지속적으로 준비해봅니다.

셋째는 포기하지 않는 인내력입니다. 결론이 날 때까지 계속 끈기 있게 문제해결을 진행해야 합니다. 혹시 중간에 결론이 바뀌더라도 과감히 원점에서 다시 시작하는 회복 탄력성도 중요합니다. 실패해야 정답에 가까이 갈 수 있음을 명심하고 끝까지 포기하지 말아야 합니다.

창의적 사고를 통해 문제를 해결할 수 있는 방법은 여러 가지가 있지만, 저는 맥킨지의 문제해결법 7단계를 바탕으로 한 방법을 여러분에게 전달하고자 합니다.

'맥킨지 앤드 컴퍼니(McKinsey & Company, 이하 맥킨지)'는 시카고 대학교의 경영대학원 교수인 제임스 맥킨지(James O. McKinsey)를 주축으로 몇 명의 동료들(Company)이 함께 만든 전략컨설팅 기업입니다. 2016년 기준으로 전 세계에 존재하는 지사 수만 무려 110여 개에 이를 만큼 컨설팅 업계에서 부동의 1위를 차지하고 있습니다.

우리나라가 IMF의 영향으로 많은 기업에서 구조조정을 단행할 당시에도 상당수의 기업 컨설팅을 도맡아 했고, 지금도 국내 대기업 및 공기업을 중심으로 다양한 컨설팅을 진행하고 있습니다. 세계 최고의 기업들을 상대로 비즈니스 컨설팅을 수행하기 때문에 이곳에 소속된 컨설턴트들의 업무는 굉장히 힘들고 어려운 반면, 그만큼 최고의 대우를 받는다는 것도 잘 알려진 사실입니다.

맥킨지의 컨설턴트들은 고객의 비즈니스에서 발생된 전략적 이슈들을 앞서 언급한 문제해결 7단계를 기준으로 해결하는데, 이는 전 세계 컨설턴트들이 공통적으로 활용하는 방법이기도 합니다. GE(제너럴일렉트)사의 기업경영 전략인 6시그마의 DMAIC(Define, Measure, Analysis, Improve, Control) 모델도 큰 틀에서 보면 이와 크게 다르지 않습니다. 전 세계 컨설턴트들이 탁월한 성과를 창출하는 이 같은 방법을 여러분의 생활에서도 적용한다면 긍정적인 효과를 발휘할 수 있을 겁니다.

맥킨지의 문제해결 7단계를 간략히 살펴보면, (1)문제 찾기 (2)아이디어 도출하기 (3)우선순위 결정하기 (4)가설 수립과 검증계획 만들기 (5)검증하기 (6)결론 도출하기 (7)보고서 작성과 발표하기로 구성되어 있습니다.

이 단계들을 이해하고 체득하면 여러분은 네 가지 효과를 얻을 수 있습니다.

첫 번째는 생각의 다양성을 확장할 수 있습니다. 어떤 문제든지 새로운 시각에서 여러 가지 프레임으로 바라보고 다양한 아이디어를 얻을 수 있습니다.

두 번째로 현실의 문제해결 능력을 확보할 수 있습니다. 기업 또는 사람들의 주요한 현안과 원인을 찾아내고 해결안을 도출하면서 현실에 도움을 주는 것입니다.

세 번째는 협업 능력을 키울 수 있습니다. 현실에서 발생하는 문제를 팀과 함께 해결하면서 끊임없는 질문과 답변을 통해 수평적 소통과 협업 능력이 향상됩니다.

네 번째로 논리적 설득력이 향상됩니다. 생각의 구조화를 통해 자신의 의견을 설명 가능한 논리로 체계화해 상대방을 쉽게 설득할 수 있습니다.

🪐 유튜버가 되는 데도 창의적 사고가 필요하다

요즘 유튜버를 꿈꾸는 학생들이 많습니다. 사실 인기 유튜버가 되기 위해서도 창의적 사고가 필요합니다. 유튜버의 기본 자질로 동영상을 잘 찍고 편집하는 것이 중요해 보이지만, 이보다는 내가 왜, 무엇 때문에 유튜브를 만드는지를 명확히 창의적으로 기획하는 것이 더 중요합니다.

조금 더 과장해서 이야기하면 유튜브의 첫걸음도 창의적 기획이요, 마지막 걸음도 창의적 기획에 달려 있습니다. 영상을 만들어 유튜브에 올리는 행동은 타인이 본인의 영상을 많이 보도록 설득하는 과정과 다를 바 없기 때문입니다. 글쓰기 대신 영상을 통해서 자기의 생각을 유튜브를 매개로 전달하는 것입니다. 따라서 단순히 동영상을 찍어서 올리는 것에 그치지 말고 먼저 큰 그림을 생각하면서 이를 쪼개고 나누다 보면 답을 찾을 수 있습니다. 전체에서 부분으로 작게 나누어 생각하면 정보를 수집할 시간과 비용을 줄일 수 있습니다. 이것이 생각을 먼저하고 실행하는 기획의 힘입니다.

유튜브를 창의적으로 잘 기획하고 싶다면 평소 하고 싶었던 작업을 쪼

갔다가 다시 붙여보는 연습을 꾸준히 해야 합니다. 예컨대 자동차를 잘 고치는 기술자가 되려면 자동차의 전체 움직임을 비롯해 각각의 부품들이 어떻게 연결되고 어떤 역할을 하는지를 우선 파악해야 합니다. 작은 부품 각각의 역할은 잘 안다고 하더라도 자동차 전체의 움직임을 이해하지 못하면 이를 마음대로 가지고 놀기가 어렵습니다.

마찬가지로 창의적인 기획을 잘하고 싶다면 꼭 자기가 속한 분야만 벤치마킹할 필요는 없습니다. 기업, 자연, 과학, 사회관계 등 온갖 분야에서 인터뷰, 논문, 서적 등 다양한 매체를 활용하여 지식을 습득하고 많은 경험과 커뮤니케이션 능력을 갖추면 됩니다.

학생 시절에는 단순히 지식을 익히고 암기하는 능력만 좋아도 높은 시험성적을 받을 수 있지만, 사회생활을 시작하거나 대학원으로 진학하게 되면 창의적 사고로 문제를 해결하는 능력이 절대적으로 필요하게 됩니다. '사고력'은 '문제의 본질을 끝까지 지켜보는 힘'이고, '창의력'은 '문제를 독자적인 방법으로 해결할 때까지 끌고 가는 능력'을 의미합니다. 이 두 가지 모두 사회생활에서 꼭 필요한 핵심 능력입니다.

맥킨지의 보고서에 따르면 조직에 꼭 필요한 미래형 인재의 특징은 다음과 같다고 합니다.

'새로운 것을 끊임없이 학습해 실제 업무나 생활에 적극적으로 적용하려고 노력하고, 회사 안팎에서 두루 타인과의 소통이 원만하고 인간관계가 좋으며, 어떤 목표나 문제가 생기면 해당 문제에 대해 깊이 있게 고민할 수 있고, 끝끝내 조직이 필요한 해결안을 가지고 오며, 장시간 문제해

결에 필요한 건강한 체력과 정신력을 갖춘 해결사형의 모습이다.'

이를 반영하듯 요즘 조직이나 기업에서는 창의적·전략적 사고와 기획 능력을 갖춘 인재를 육성하는 데 전력을 기울이고 있습니다. 다시 말해 많은 조직이 스스로 사고하고 창조하는 능력을 가진 인재를 원하고 있습니다.

카이스트의 정재승 교수도 "제4차 산업혁명 시대는 호기심을 스스로 해결하는 것이 공부이기에, 주어진 시간 안에 외운 것을 토해내는 것이 아닌 평생 스스로 독서를 즐기고 학습을 놓지 않는 어른으로 성장하는 것이 제일 좋은 교육이다"라고 언급하면서 자기 생각을 만드는 교육이 절실하다고 주장했습니다.

유튜버가 자기가 가진 생각을 창의적 사고를 통해 기획하고 동영상으로 제작해 공유하는 활동도 지금 시대에 꼭 필요한 창조적 지식을 생산하는 중요한 역할을 하고 있는 것입니다.

🪐 자신의 꿈에 다가서게 하는 문제해결 7단계

성공하고 싶다면 자신의 목표나 꿈을 정해두어야 성공에 이를 수 있다고 합니다. 이 같은 목표가 없으면 주체성 없이 남들이 하는 대로 일이나 공부를 따라 하게 될 뿐입니다. 목표를 세워놓은 뒤에는 자신이 가진 강점을 스스로 발견하고 이와 관련된 지식, 기술, 태도 등을 지속적으로 활용하고 새롭게 다듬으며 발전시키면 해당 분야의 전문가가 될 수 있습니다.

저는 다음의 세 가지 원칙을 제 인생에 접목해보았습니다.

1. 인생의 꿈을 가집시다.

2. 실행 계획을 세웁시다.

3. 실행합시다.

자신이 잘하는 것이 무엇인지를 찾아서 지속적으로 잘할 때까지 실행하면 결국 최고가 된다는, 아주 단순한 진실을 따른 원칙입니다.

제가 가지고 있는 강점은 타인 앞에서 발표를 잘할 수 있는 능력과 어느 정도의 기획 능력, 다양한 행사를 진행하는 능력, 회사에서 혁신·기획·인사·교육 업무 경험이 많다는 것이었습니다. 그래서 저는 제 인생의 꿈을 '유튜브형 교육 컨설턴트'로 결정하고 어떻게 기획하고 실천할지를 맥킨지 문제해결 7단계 방식으로 고민했습니다.

먼저 어떻게 하면 유튜브형 교육 컨설턴트가 될 수 있을지를 비전을 중심으로 끊임없이 질문하고 또 질문했습니다. 이어서 필요한 아이디어를 도출하기 위해 이와 관련된 지식, 핵심 기술, 건강 확보를 중심으로 세 가지 구성요소로 구분한 뒤, 이를 계속

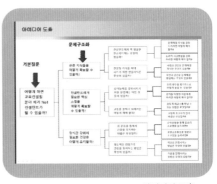

아이디어 도출

쪼개고 나누어 세부적인 질문으로 확대했습니다. 수십 가지 질문을 만들고 비슷한 내용끼리 모아보았더니 이전 페이지의 그림과 같은 아이디어가 정리되었습니다. 이렇게 아이디어를 도출할 때는 브레인스토밍 방법을 써볼 것을 추천합니다.

다음은 도출된 아이디어를 실행 용이성, 효과성의 평가항목을 가지고 2by2 매트릭스로 평가했더니 ⑴문제해결 지식 강화 ⑵논리적 사고방법 강화 ⑶강의 횟수 늘리기 ⑷다양한 사람들에게 강의하기 ⑸코칭 경험 많이 하기 ⑹사람과 관련된 문제해결 지식 강화 ⑺코칭계 최고수 만나기 ⑻자연과 관련된 문제해결 지식 강화 순으로 우선순위가 확정되었습니다.

이에 저는 질문에 대해 가설을 수립하고, 검증을 위한 작업계획을 수립한 뒤 실제 분석을 통해 실행할 수 있는 아이디어와 개선이 필요한 아이디어, 폐기해야 할 아이디어로 정리한 후 최종 결론을 작성했습니다.

제가 유튜브형 교육 컨설턴트가 되기 위해서는 '기업과 사람들을 대상으로 자신만의 문제해결 방법으로 다양한 강의와 코칭을 수행'해야 하며, 이를 뒷받침하기 위해선 '다양한 분야에서 강의하고, 최고의 강의 능력과 컨설팅 능력을 갖추며, 건강한 육체와 건

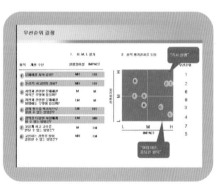

우선순위 결정

전한 정신을 갖추어야' 합니다. 이를 실행하기 위해서 단기적으로 실행할 수 있는 것, 중기적으로 실행할 수 있는 것, 장기적으로 실행할 수 있는 것으로 구분하고 꾸준하게 실천하는 것이 성공으로 다가서는 방법이 될 것입니다. 지금도 저는 계속해서 최종 결론을 조금씩 수정해가며 저의 꿈을 실현하기 위해 노력하고 있습니다.

🪐 영화 <마션>으로 배우는 문제해결법

영화 〈마션〉에서는 주인공 마크 와트니가 화성에서 홀로 살아남기 위해 겪었던 여러 난관을 그의 '창의적인 문제해결 능력'을 통해 하나씩 헤쳐 나가는 모습을 볼 수 있습니다.

영화의 도입부에서는 화성의 지질을 탐사하던 나사(NASA) 연구원 여섯 명이 모래폭풍으로 인해 긴급하게 기지를 버리고 화성궤도 밖으로 철수할 것을 결정합니다. 대원들이 기지를 나와 탈출용 로켓을 향해 강풍을 가르며 우주선으로 복귀하는 중간에 안테나가 부러지는데, 불행히도 여기에 와트니가 맞아서 어둠 속으로 날아가는 사고를 겪게 됩니다. 눈앞에 아무것도 보이지 않는 상황에서 와트니의 구조가 불가능하다고 판단한 남은 동료들은 로켓을 타고 이륙하게 됩니다. 나사 탐사대장과 대원들은 와트니의 화성 실종을 보고하게 되고, 결국 나사에서는 와트니의 사망을 공식적으로 보도하면서 시체도 없이 장례식까지 치르게 됩니다. 그런 와중에 와트니는 화성에서 가슴에 상처를 입고 혼자 살아남게 됩니다.

과연 화성에서 혼자 살아남은 와트니를 지구까지 무사히 복귀를 시키려면 어떻게 해야 할까요? 여러분이 만약 와트니라면 지구로 무사히 귀환하기 위해 어떤 방법을 시도해볼 건가요? 설마 바로 포기할 건가요? 이제부터 저와 창의적인 문제해결을 통해서 지구로 무사히 복귀해봅시다.

창의적 사고 7단계를 적용해 문제해결을 한다면 이렇게 정리할 수 있습니다.

1단계, 와트니가 화성의 모래폭풍 사고로 안테나가 부러지면서 사고를 당해 화성에 혼자 고립되었습니다. 이 상황을 문제로 정리해야 합니다. 가급적이면 정확하게 표현하는 것이 중요합니다.

2단계, 와트니가 화성에서 지구로 무사히 복귀하기 위해서는 어떤 일들이 진행되어야 할까요? 우리의 뇌로 무한상상을 해봅시다. 여러분의 아이디어는 많으면 많을수록 좋습니다.

3단계, 와트니가 화성에서 지구로 무사히 복귀하기 위해 필요한 것들, 즉 식량, 물, 공기, 건강, 통신, 랑데부(rendez-vous) 방법 등을 가지고 우선순위를 정한다면 어떻게 결정할 수 있을까요? 여러분은 무엇을 중요하게 생각하나요? 단순하게 순위를 결정하는

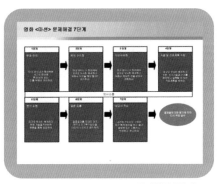

문제해결 7단계

것이 아니라 긴급성, 실행 용이성, 효과성 등의 평가항목과 근거들이 있으면 더욱 효과적입니다.

4단계, 와트니를 화성에서 지구로 무사히 복귀시키기 위한 기본 가설은 무엇이고 검증계획은 어떻게 수립할까요? 2단계 아이디어를 더욱 구체적으로 발전시킬 필요가 있습니다.

5단계, 와트니를 화성에서 지구로 무사히 복귀시키기 위해 다양한 과학자와 전문가 인터뷰, 논문, 과학도서, 전문지 등을 통해 가설을 어떻게 검증할까요? 혼자서 모든 아이디어를 확인할 수도 있지만 팀원들이 협업을 통해서 해당 분야의 전문가들이나 서적, 논문을 통해 가설을 검증할 필요가 있습니다. 팀원들 여럿이 함께 작업을 진행하면 시간과 자원을 효과적으로 활용할 수 있습니다.

6단계, 와트니를 화성에서 지구로 무사히 복귀시키기 위한 최종 결과를 누구나 이해할 수 있도록 설명할 수 있으려면 어떻게 논리적으로 구조화하면 좋을까요? 결론은 누가 읽어봐도 쉽게 이해하고 무엇을 하겠다는 것인지 명확히 설명할 수 있어야 합니다.

7단계, 와트니를 화성에서 지구로 무사히 복귀시키기 위한 최종 결론을 글(워드 형태)로 작성하거나 이미지(파워포인트 형태)로 작성하여 누구나 이해할 수 있도록 어떻게 정리할 수 있을까요? 글로써 또는 말로써 설명이 가능한 것을 이미지로 잘 표현하면 강력한 설득 도구가 될 수 있습니다. 이왕이면 한눈에 알아볼 수 있도록 표현하면 더욱 좋습니다.

🪐 마크 와트니의 지구 귀환 작전

이번에는 각 단계별로 구체적인 방안을 살펴보겠습니다.

첫째, 해결해야 할 문제를 기본 질문으로 만드는 문제의 정의입니다. 기본 질문은 반드시 질문형으로 SMART(Specific; 구체적으로, Measurable; 측정 가능하게, Action-oriented; 행동으로 표현, Relevant; 문제와 연관 있게, Time-bound; 언제까지인지 표현)하게 작성합니다. 와트니의 화성 고립 사건을 기본 질문(문제)으로 만들면 이렇게 표현할 수 있습니다.

"마크 와트니가 화성에서 지구로 최단 시간 내에 무사히 복귀하기 위해서는 무엇을 어떻게 해야 할까?"

그리고 현재 처한 환경, 주요 의사 결정자, 성공 기준, 제약 조건 등을 정리할 수 있습니다. 영화에서 보면 와트니는 매일매일 자신의 상황과 중요 사건들을 영상에 기록합니다. 혹시 자신이 죽더라도 남긴 기록을 통해서 어떤 일들이 화성에서 일어났는지를 나사에서 알 수 있도록 하기 위해서입니다.

둘째, 아이디어의 도출입니다. 화성에 고립된 와트니가 지구로 무사히 복귀하기 위해서는 정말 많은 아이디어가 필요합니다. 장시간 화성에서 혼자 있으려면 식량을 확보해야 하고, 물과 산소도 필요하고, 정신적인 건강과 육체적인 건강을 유지하기 위한 다양한 방법도 필요합니다. 자신이 살아 있다는 것을 지구에 알리기 위해 교신할 방법도 찾아야 하고, 안테나도 고쳐야 하고, 화성에서 랑데부하기 위한 최선의 방법도 찾아내야 하는 등 갖가지 아이디어를 짜내야 합니다. 빠짐없이 가능한 한 모든 것을 생각하는 것이 중요합니다.

이를 위해서는 끊임없이 질문하는 습관이 필요합니다. 중간에 질문을 포기하면 진짜 중요한 것을 놓칠 수 있다는 것을 명심해야 합니다. 영화에서 와트니가 보여준 중요 미션(mission) 일곱 가지는 다음과 같습니다.

미션 1. 머무를 곳이 필요하다. 공기와 기압을 담아둘 공간을 확보하라.

미션 2. 호흡을 지속해야 한다. 화성 대기에서 산소를 분리해내라.

미션 3. 암에 걸리고 싶지 않다면 태양 방사선을 차단할 방법을 강구하라.

미션 4. 물 없이는 생존할 수 없다. 식수 문제를 해결하라.

미션 5. 삶을 연명할 열량이 필요하다. 화성 땅에서 작물을 재배하라.

미션 6. 생명 유지 시스템에 필요한 에너지 자원을 확보하라.

미션 7. 반드시 살아야 할 정당한 사유를 마련하라.

만약 여러분이 와트니라면 몇 가지의 아이디어를 도출하고 실행할 수 있을까요? 우리는 어떤 새로운 아이디어를 도출할 수 있을까요? 아마 개인마다 서로 다른 다양한 아이디어가 나올 것입니다. 우리가 생각해낼 수 있는 가능한 한 많은 아이디어를 도출하는 것이 앞으로 미래의 다양한 문제해결을 위해서도 정말 중요한 태도입니다. '내가 생각하는 것이 답이다'라는 생각으로 여러분의 아이디어를 도출해보세요.

셋째, 우선순위화입니다. 우선순위화란, 업무 수행이나 문제해결을 할 때 무엇이 중요한지를 파악하고 체계적으로 실행의 순서를 결정하는 것입니다. 우리 인생도 살다 보면 무엇이 중요한지, 무엇을 먼저 해야 하는지 고민해야 할 일들이 매 순간 발생합니다. 아침에 일어나 학교 가기 전에 아침식사는 무엇을 먹고 갈지, 어떤 교통수단을 이용할 건지, 친구는 언제 만날 것인지, 만날 때 무슨 옷과 신발을 걸치고 나갈 것인지, 무슨 과목을 얼마나 공부할 건지 등등, 어쩌면 인생의 모든 것들이 의사결정의 순간들이기도 합니다.

아이디어 도출 단계에서 찾아낸 다양한 아이디어는 한꺼번에 동시에 진행할 수 없기에 각각의 아이디어를 긴급성, 효과성의 평가항목을 두고 평가한 뒤 순서를 정해서 정말 중요한 것부터 실행해야 합니다.

영화에서 와트니는 우선 본인의 건강을 회복하고 식량을 확보한 뒤 지구와의 교신을 시도합니다. 이후 나사의 전문가들과 화성탐사대와 협력을 통해 상호소통하여 화성에서 행성간 우주선 헤르메스와 랑데부 방법을 확정한 뒤, 스키아파렐리 분화구까지 3,200km를 이동하고 실행하는 모습을 시간순으로 보여줍니다.

만약 여러분이 와트니라면 어떤 순위로 아이디어 항목의 순서를 선택했을까요? 제가 교육 과정에서 팀을 구성해 우선순위를 결정하는 연습을 해보니 팀마다 조금씩 다른 결과를 볼 수 있었습니다. 살아온 환경과 경험, 습득 지식, 삶의 태도, 인생의 가치관 등에 따라서 조금씩 다르게 나타났습니다. 우선순위 선택 결과를 가지고 서로 설명하고 설득하고 질문과 답변하는 모습을 관찰하면서 서로의 생각이 이처럼 다양하다는 사실을 알 수 있었습니다. 여러분도 여섯 가지 아이디어를 가지고 긴급성, 효과성을 H(높음), M(중간), L(낮음)로 평가해본 뒤 결과를 2by2 매트릭스에 그려서 우선순위를 결정해보길 바랍니다. 아마 개인마다 조금씩 차이가 있다는 것을 알 수 있을 것입니다.

넷째, 가설과 검증계획의 수립입니다. 아이디어를 실행하려면 가설과 이를 검증할 수 있는 계획을 수립하는 것이 필요합니다. 영화 속에서 와트니는 화성에서 삶을 연명할 음식의 확보를 위해 기지 내에 있던 대원 여섯 명의 31일치 음식을 아껴서 먹는 가설, 감자를 기지 내에서 재배해 식량을 확보하겠다는 가설, 지구에서 보급을 받아서 확보하겠다는 가설 등을 세웠습니다. 결론적으로 와트니는 기존의 식량을 아껴 먹는 계획과 감자를 재배해 식량을 확보하는 계획을 세우고 직접 실행하는 모습을 보입니다. 물론 와트니는 식물학자라서 다른 사람들보다 더 쉽게 접근할 수 있었습니다. 화성 토양에 인분을 활용해 감자를 키우는 그의 모습에서 인간의 창의성을 다시 한번 엿볼 수 있었습니다.

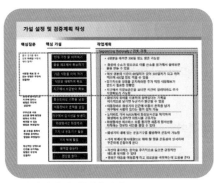
가설 설정 및 검증계획 작성

2단계 아이디어 도출에서 우선적으로 결정한 핵심 질문에 대해 가설과 근거를 수립하면 시간과 자원을 최소화해서 활용할 수 있을 뿐만 아니라 무슨 활동을 어떻게 해야 할지 효과적으로 접근할 수 있는 장점이 있습니다.

다섯째, 가설의 검증입니다. 영화에서는 천체역학자인 리치 퍼넬이 헤르메스호를 지구로 복귀시키지 않고 다시 화성으로 가장 빠르게 보내는 방법을 나사 전문가들에게 설명하고 설득하는 장면이 등장합니다. 이후에 와트니에게 화성에서 헤르메스호와 화성 상승선의 도킹을 위해 상승선의 무게를 줄이려면 좌석, 에어로크, 창문, 외판을 모두 들어내고 이것들 대신 막사 천막으로 덮고 우주로 발사해야 한다고 전문가들이 설명하는 발상의 전환 장면이 등장합니다.

와트니를 무사히 화성에서 구출할 최고의 방법을 전문가들이 서로 수평적으로 소통하고 인정하는 부분을 보면서 소통의 중요성을 다시금 느낄 수 있었습니다. 물론 구체적인 근거나 이유가 명확해야 설득이 가능할 것입니다. 검증을 혼자서 모두 할 수 있다면 좋겠지만 불가능한 경우가 더 많습니다. 그럴 때는 해당 분야의 전문가들을 활용하거나 논문, 도서, 전문 잡지, 인터넷 등을 통해서 확인하는 방법이 효과적입니다. 전문가들을 만날 때는 미리 인터뷰에 필요한 준비를 사전에 하고 중요한 질문이나 필요 지식을 정리해두길 바랍니다.

여섯째, 결론을 정리하는 것입니다. 정보는 지식으로 바뀔 때 유용한 것이 됩니다. 정보가 구슬에 해당한다면, 지식은 그 구슬을 꿰어서 만든 영롱한 목걸이입니다. 정보를 지식으로 만드는 능력은 사람에 따라서 천차만별입니다. 똑같은 데이터를 가지고도 어떤 사람은 이를 잘 꿰어서 값진 지식으로 만들어내는 반면에, 또 다른 사람은 남들이 아는 평범한 상식밖에 만들어내지 못합니다.

　와트니는 자신이 알고 있는 지식과 정보들을 잘 엮어서 식량 확보, 물과 공기 확보, 지구와의 교신, 육체적·정신적 건강 유지, 공간 확보, 에너지 자원 확보, 스키아파렐리까지의 3,200km 이동계획 수립 및 장비 수급 등을 다양한 지식으로 만들고 실행해 지구로 무사히 복귀했습니다.

　영화 속 와트니의 탁월한 능력을 인정하는 것도 중요하지만, 이를 종합적으로 정리하고 실행할 수 있는 근거를 마련해 다른 이에게 설명할 수 있는 능력이 더욱 중요합니다. 와트니를 지구로 무사히 복귀시키기 위한 기본 질문에 대한 답변을 한 문장으로 표현한 것을 최종 결론이라고 하는데, 근거를 추가하고 이를 뒷받침하는 사실들을 하부에 다시 배치하는 방식으로 결론을 구조화해야 합니다. 단편적인 지식들의 합을 논리적·체계적으로 정리해서 상대방에게 설명하고 인정받는 것이 사회에서 갖추어야 할 중요한 능력이기도 합니다.

　여러분은 영화 〈마션〉을 보면서 어떤 생각이 들었나요? 저는 개인적으로 문제해결 프로세스를 통해서 모든 것을 해결하는 주인공 와트니와 나사, 그리고 중국 정부의 도움까지, 우리가 어려운 문제를 해결할 때 고민하는 단계들을 영화에 오롯이 제대로 담았다는 생각이 들었습니다. 와트니가 화성에서 지구로 무사히 복귀하기 위해서 무엇을 어떻게 했는지 한눈에 알아볼 수 있도록 다음 페이지의 그림처럼 결론을 정리해보았습니다.

　일곱 번째, 정리한 결론을 글이나 이미지로 표현하고 설명하여 상대편

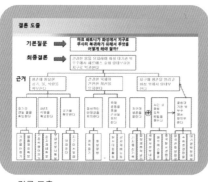
결론 도출

을 설득하는 단계입니다. 와트니를 지구로 무사히 복귀시키기 위한 방법을 다른 친구들에게 설명할 때 꼭 필요한 능력입니다. 워드로 설명할 경우에는 제목, 추진 배경, 실행 방안, 주요 의사결정의 순으로 문장을 정리합니다.

타인이 읽었을 때도 쉽게 이해될 수 있도록 여러 번 수정이 필요합니다.

파워포인트 형태의 보고서는 경영자나 상위 결정자가 워드 형태의 보고서로 충분히 이해되지 않는다고 하거나, 중요한 회의에서 프리젠테이션이 필요할 경우 추가로 작성하기도 합니다. 최근에는 한 장으로 정리하는 워드 형태의 원 페이지(one page) 보고서를 기업이나 공공기관에서 많이 활용하고 있습니다.

워드형 보고서 작성

파워포인트형 보고서 작성

🪐 글을 마무리하며

맥킨지 문제해결 7단계 방법을 바탕으로 영화 〈마션〉의 창의적 사고해결 프로세스를 적용해보았습니다. 처음 문제해결 방법론을 접하게 되면 생소할뿐더러 어떻게 해야 할지 프로세스와 해결안이 전혀 보이지 않을 경우가 많습니다. 학습이란, 알고 있는 지식의 실행을 통해 성공과 실패를 반복해 내 몸이 자연스럽게 반응할 수 있을 정도까지 훈련이 되어야 제대로 학습되었다고 할 수 있습니다. 체득하지 않고 이해하는 수준의 학습은 그냥 한 번 들은 정도에 지나지 않습니다. 특히 사회에서의 학습은 실천과 반복을 통해 반드시 체득되고 자연스럽게 몸에서 반응이 나타날 정도가 되어야 합니다.

마찬가지로 미래의 학교 교육도 지식의 융·복합을 통한 문제해결형 교육으로 변화할 것입니다. 한 가지 답을 선택하는 교육이 아니라 스스로 문제를 찾고 해결책도 찾는 교육으로 전환을 꾀하고 있습니다. 여러분도 생각하는 힘의 향상을 위해 문제해결 7단계 프로세스를 일상생활에서 활용할 수 있도록 노력해보시길 바랍니다.

우성수

부경대 수산경영학과를 졸업하고 한국중공업주식회사, 두산중공업주식회사, 두산그룹에서 전사 경영혁신, 6시그마, 인사, 교육 분야에서 근무했다. 현재 프리랜서로 여러 교육 기업과 파트너로 일하며, 회사 근무 중 익힌 맥킨지 문제해결 7단계를 기업인 및 일반인, 학생들에게 어떻게 쉽게 가르칠 수 있을지를 계속해서 연구하고 있다. 최근에는 비즈니스, 인생 설계, 교육과정 개발 등에 문제해결 방법을 접목해 강의하고 있다.

이미지 출처

십 대를 위한 우주과학 콘서트

1판 1쇄 찍은날 2021년 4월 8일
1판 4쇄 펴낸날 2023년 3월 10일

글쓴이 | 권홍진, 황지혜, 전영범, 이경훈, 김기상, 최준영, 우성수
펴낸이 | 정종호
펴낸곳 | (주)청어람미디어

편집 | 여혜영
마케팅 | 강유은
제작·관리 | 정수진
인쇄·제본 | (주)에스제이피앤비

등록 | 1998년 12월 8일 제22-1469호
주소 | 04045 서울 마포구 양화로 56(서교동, 동양한강트레벨)1122호
이메일 | chungaram@naver.com
전화 | 02-3143-4006~8
팩스 | 02-3143-4003

ISBN 979-11-5871-169-6 43440
잘못된 책은 구입하신 서점에서 바꾸어 드립니다.
값은 뒤표지에 있습니다.